Tanu Sharma
Karan Veer

Avaliação de Técnicas de Decomposição de Sinais EMG

Tanu Sharma
Karan Veer

Avaliação de Técnicas de Decomposição de Sinais EMG

ScienciaScripts

Imprint

Cover image: www.ingimage.com

This book is a translation from the original published under ISBN 978-3-659-79420-9.

Publisher:
Sciencia Scripts
is a trademark of
Dodo Books Indian Ocean Ltd. and OmniScriptum S.R.L publishing group

120 High Road, East Finchley, London, N2 9ED, United Kingdom
Str. Armeneasca 28/1, office 1, Chisinau MD-2012, Republic of Moldova, Europe
Printed at: see last page
ISBN: 978-620-8-30623-6

ÍNDICE DE CONTEÚDOS

CAPÍTULO 1

INTRODUÇÃO

Um sinal mioeléctrico, denominado potencial de ação motora, é um impulso elétrico que produz a contração das fibras musculares do corpo. O termo é mais frequentemente utilizado em referência aos músculos esqueléticos que controlam os movimentos. Os sinais mioeléctricos são detectados através da colocação de três eléctrodos na pele. Dois eléctrodos são posicionados para medir a tensão diferencial entre eles quando ocorre um sinal mioeléctrico. O terceiro elétrodo é colocado numa área neutra e a sua saída é utilizada para cancelar o ruído que pode interferir com os sinais dos outros dois eléctrodos. A saída do amplificador tem uma tensão muito mais elevada do que os próprios sinais mioeléctricos. Esta tensão mais elevada, que produz uma corrente significativa, é utilizada para controlar dispositivos electromecânicos ou electrónicos. Este sinal é normalmente uma função do tempo e é descrito em termos da sua amplitude, frequência e fase.

A tecnologia de registo do eletromiograma de superfície é relativamente recente. Ainda existem limitações na deteção e caraterização das não linearidades existentes no sinal de eletromiografia de superfície (SEMG), como a estimativa da fase, a aquisição de informações exactas devido à derivação da normalidade, etc. Os algoritmos tradicionais de reconstrução do sistema têm várias limitações e uma complexidade computacional considerável e muitos apresentam uma variância elevada.

O anatomista e biólogo holandês Jan Swammerdam (1637-1680) descobriu que o toque no nervo inervado pelo músculo gastrocnémio da rã provocava uma contração. Alessandro Volta (1745-1827) desenvolveu um dispositivo que produzia eletricidade, que podia ser utilizada para estimular os músculos. Luigi Galvani (1791), considerado o pai da neurofisiologia pelo seu trabalho semelhante com pernas de rã, demonstrou que a estimulação eléctrica do tecido muscular produz contração e força. Carlo Matteucci, em 1838, demonstrou que a bioeletricidade está ligada à contração muscular e, novamente em 1842, demonstrou a existência do potencial de ação que acompanha o músculo de uma rã. Emil Du Bois-Reymond (1818-1896), em 1848, detectou atividade eléctrica nas contracções musculares voluntárias do homem. Colocou os dedos dos indivíduos em solução salina com a pele removida para reduzir a resistência de transferência e detectou sinais através de eléctrodos ligados a um galvanómetro quando os indivíduos contraíam os músculos. Herbert Jasper (1906-1999), em 1942, construiu o primeiro electromiógrafo na Universidade McGill (Instituto Neurológico de Montreal), criou também um elétrodo de agulha unipolar e utilizou os seus instrumentos para realizar um trabalho inovador no domínio da epilepsia e da neurologia. Carlo J. De Luca foi provavelmente a pessoa mais influente na história recente do SEMG.

As abordagens de IA para o reconhecimento de sinais incluem as redes neurais artificiais (RNA), as redes neurais dinâmicas recorrentes (DRNN) e o sistema de lógica difusa. O Algoritmo Genético (AG) também foi aplicado num chip de hardware evolutivo para o mapeamento das entradas do eletromiograma de superfície para as acções desejadas da mão. O sinal de eletromiografia (EMG) fornece informações sobre o desempenho dos músculos e nervos [23]. Em qualquer instante, a forma do sinal muscular, o potencial de ação da unidade motora (MUAP), é constante, a menos que haja um movimento da posição do elétrodo ou alterações bioquímicas no músculo devido a mudanças no nível de contração. A taxa de impulsos neuronais, cujos tempos exactos de ocorrência são aleatórios por natureza, está relacionada com o tempo de duração e a força de uma contração muscular Schulz et al. [26].

1.1 BIO-SINAIS HUMANOS

Um exemplo simples de sinal biomédico é a temperatura corporal. A sua importância e valor na avaliação da febre de um doente é um exemplo de aplicação de um sinal biomédico. Há muitos outros sinais biomédicos no corpo humano que podem dar-nos a importância de monitorizar as condições de saúde. Nos seres humanos normais estão presentes muitos sinais que o cérebro gera para controlar os movimentos do corpo. É necessário descodificar a interpretação, a decomposição e a aplicação de sinais biológicos e outras formas de manifestações bioeléctricas de acontecimentos fisiopatológicos. Por sinal bioelétrico entende-se um sinal elétrico coletivo adquirido de qualquer órgão que representa uma variável física de interesse. Extrair a informação contida nestes sinais é uma tarefa tentadora que muitos engenheiros e fisiologistas empreendem com prazer e determinação, um desafio a que é difícil resistir. Alguns desses tipos de sinais são: o eletrocardiograma (ECG), o eletromiograma (EMG) e o eletroencefalograma (EEG).

1.2 ELECTROMIOGRAFIA

O sinal do eletromiograma de superfície (SEMG) é uma medida das correntes eléctricas geradas nos músculos durante a sua contração, representando as actividades neuromusculares. O sistema nervoso controla sempre a atividade muscular (contração / relaxamento). É um sinal complexo, que é controlado pelo sistema nervoso e depende das propriedades anatómicas e fisiológicas dos músculos. O sinal do eletromiograma de superfície adquire ruído ao percorrer os diferentes tecidos. Além disso, o detetor de eletromiograma de superfície, especialmente se estiver à superfície da pele, recolhe sinais de diferentes unidades motoras ao mesmo tempo, o que pode gerar a interação de diferentes sinais. Devido à complexidade do sinal de eletromiograma de superfície, a deteção de sinais de eletromiograma de superfície com metodologias poderosas e avançadas está a tornar-se um requisito muito importante na engenharia biomédica Phinyomark et al. [23].

A eletromiografia permite um acesso fácil aos processos fisiológicos que levam o músculo a gerar força, a produzir movimento e a realizar as inúmeras funções que nos permitem interagir com o mundo que nos rodeia. Ela fornece muitas aplicações importantes e úteis, mas tem muitas limitações que devem ser compreendidas, consideradas e eventualmente removidas para que a disciplina seja mais cientificamente baseada e menos dependente da arte do uso. Em seu detrimento, a eletromiografia é demasiado fácil de usar e, consequentemente, demasiado fácil de abusar DeLuca [4].

Um sinal mioeléctrico denominado potencial de ação motora é um impulso elétrico que produz a contração das fibras musculares do corpo. O termo é mais frequentemente utilizado em referência aos músculos esqueléticos que controlam os movimentos. Os sinais mioeléctricos são detectados através da colocação de três eléctrodos na pele. Dois eléctrodos são posicionados para medir a tensão diferencial entre eles quando ocorre um sinal mioeléctrico. O terceiro elétrodo é colocado numa área neutra e a sua saída é utilizada para cancelar o ruído que pode interferir com os sinais dos outros dois eléctrodos. A medição do eletromiograma de superfície depende de uma série de factores e a amplitude do sinal do eletromiograma de superfície (SEMG) varia entre os uV e os mV baixos Basmajian et al. [2].

A amplitude dos sinais do eletromiograma de superfície depende de factores que são os seguintes

-O tipo de eléctrodos

-Colocação dos eléctrodos

-Grau de esforço muscular

1.3 PROPRIEDADES DO SINAL EMG

O sinal do eletromiograma de superfície é gerado pelo músculo humano sempre que este é ativado. A frequência e a amplitude do sinal variam consoante a localização do músculo no corpo e o stress a que é sujeito. O sinal é aleatório, muito pequeno em amplitude e misturado com ruído de diferentes frequências. O nível do sinal é da ordem dos 0,5 mV para os eléctrodos de agulha. Para os eléctrodos de superfície, é em microvolt que aparece na superfície cutânea dos principais músculos esqueléticos. O seu espetro de frequência situa-se na gama de cerca de 15 Hz -500 Hz Bastiaensen et al. [3], DeLuca [4] com a maior parte da energia do sinal concentrada em torno de 100 Hz. O alinhamento dos eléctrodos ao longo do comprimento do músculo, próximos uns dos outros, resulta num aumento do conteúdo de frequências mais elevadas. A impedância dos eléctrodos deve ser tão baixa quanto possível, mas não superior a 2 K'Q.

O sinal SEMG adquire ruído ao viajar através de diferentes tecidos. Além disso, o detetor de SEMG, especialmente se estiver na superfície da pele, recolhe sinais de diferentes unidades motoras ao mesmo tempo, o que pode gerar a interação de diferentes sinais. O potencial de ação é o sinal elétrico que acompanha a contração mecânica de uma única célula quando estimulada por uma corrente eléctrica (neural ou externa), como se mostra na Figura 1.1. É causado pelo fluxo de sódio (Na+), potássio (K+), cloreto (Cl-) e outros iões através da membrana celular. O potencial de ação é o componente básico de todos os sinais bioeléctricos. As células nervosas e musculares estão envolvidas por uma membrana semipermeável que permite a passagem de determinadas substâncias, enquanto outras são mantidas no exterior. Os fluidos corporais que envolvem as células são soluções condutoras que contêm átomos carregados, conhecidos como iões. No seu estado de repouso, as membranas das células excitáveis permitem facilmente a entrada de iões K+ e Cl-, mas bloqueiam eficazmente a entrada de iões Na+ (uma vez que a permeabilidade do K+ é 50-100 vezes superior à do Na+). A incapacidade do Na+ de penetrar numa membrana celular resulta no seguinte:

> A concentração de Na+ no interior da célula é menor do que no exterior. Assim, o exterior da célula é mais positivo do que o interior da célula.

> Para equilibrar a carga, entram mais iões K+ na célula, provocando uma concentração de K+ mais elevada no interior da célula do que no exterior.

>O equilíbrio de carga não pode ser alcançado devido a diferenças na permeabilidade da membrana para os vários iões.

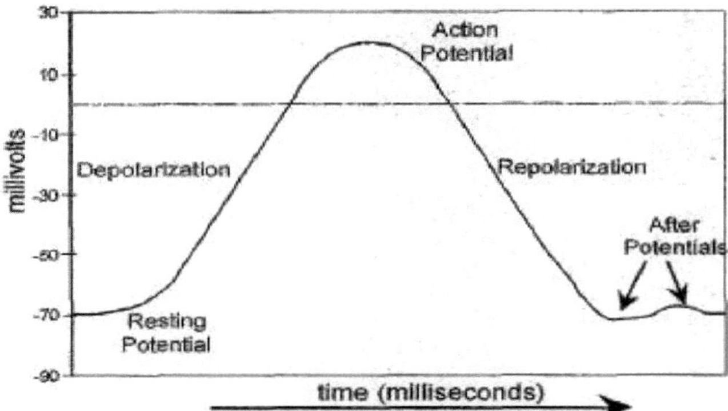

Figura 1.1: Forma de onda típica de um potencial de ação

Um estado de equilíbrio é estabelecido com uma diferença de potencial, sendo o interior da célula negativo em relação ao exterior. Diz-se que uma célula no seu estado de repouso está polarizada. A maioria das células mantém um potencial de repouso da ordem de -60 a -100 mV até que algum distúrbio ou estímulo perturbe o equilíbrio.

Quando uma célula é excitada por correntes iónicas ou por um estímulo externo, a membrana altera as suas caraterísticas e começa a permitir a entrada de iões Na+ na célula. Este movimento de iões Na+ constitui uma corrente iónica, que reduz ainda mais a barreira da membrana aos iões Na+. Isto leva a um efeito de avalanche: Os iões Na+ precipitam-se para o interior da célula. Os iões K+ tentam sair da célula, uma vez que se encontravam em maior concentração no interior da célula no estado de repouso anterior, mas não conseguem deslocar-se tão rapidamente como os iões Na+. O resultado líquido é que o interior da célula se torna positivo em relação ao exterior devido a um desequilíbrio de iões K+. Um novo estado de equilíbrio é atingido após o fim da corrida dos iões Na+. Esta alteração representa o início do potencial de ação, com um valor de pico de cerca de +20 mV para a maioria das células. Diz-se que uma célula excitada que apresenta um potencial de ação está despolarizada, o processo é designado por despolarização. Durante a repolarização, a permeabilidade predominante da membrana é para os iões K+, uma vez que a concentração de K+ é muito mais elevada no interior da célula do que no exterior, há um efluxo líquido de K+ da célula, o que torna o interior mais negativo, efectuando assim a repolarização de volta ao potencial de repouso. A alteração da permeabilidade ao K+ dependente da voltagem é devida a uma classe de canais iónicos distintamente diferente dos que são responsáveis pelo estabelecimento do potencial de repouso.

O potencial de ação é sempre o mesmo para uma dada célula, independentemente do método de excitação ou da intensidade do estímulo para além de um limiar: é o chamado fenómeno do tudo-ou-nada ou tudo-ou-nada. Após um potencial de ação, há um período durante o qual uma célula não pode responder a qualquer novo estímulo, conhecido como período refratário absoluto (cerca de 1ms nas células nervosas).

1.4 FACTORES QUE AFECTAM O SINAL SEMG

O sinal do eletromiograma de superfície é afetado por vários factores, conforme descrito:

1) Impedância da pele - Pode ser reduzida com a utilização de um gel condutor.

2) Colocação do elétrodo - É o fator mais importante a ter em conta na aquisição de um sinal EMG. O elétrodo deve ser colocado no músculo de interesse. Caso contrário, o sinal que será gerado está relacionado com outro músculo. O elétrodo deve ser colocado no meio do músculo e também paralelo às fibras musculares. A distância interna do elétrodo também é um fator. Deve situar-se entre 10 e 30 mm.

3) Ruído elétrico - Existem vários tipos de ruído elétrico no ambiente. Todos os instrumentos eléctricos produzem ruído. Este pode ser eliminado através da utilização de componentes de melhor qualidade. O ruído eletromagnético é também uma fonte de ruído, mas é impossível evitá-lo.

4) Artefacto de movimento - Quando o artefacto de movimento é introduzido no sistema, a informação perde-se. O artefacto de movimento provoca irregularidades nos dados. Existem duas fontes principais de artefactos de movimento: a interface do elétrodo e o cabo do elétrodo. O artefacto de movimento pode ser reduzido através da conceção adequada dos circuitos electrónicos e da configuração.

A qualidade do sinal pode ser melhorada das seguintes formas:

1) A relação sinal/ruído deve conter a maior quantidade possível de informação do sinal EMG e a menor quantidade de contaminação por ruído.

2) A distorção do sinal EMG deve ser tão mínima quanto possível, sem filtragem desnecessária e distorção dos picos do sinal, não sendo recomendados filtros de entalhe, uma vez que também destroem a informação do sinal.

1.5 CONDICIONAMENTO DO SINAL

O advento da eletrónica moderna e o processo de amplificação diferencial permitiram a medição de sinais EMG de baixo ruído e alta fidelidade de sinal (ou seja, alta relação sinal/ruído). Com a amplificação diferencial, é agora possível medir toda a largura de banda efectiva do sinal SEMG. As gamas de frequência de passagem de banda típicas são entre 10 e 20Hz (filtragem passa-alto) e entre 500 e 1000Hz (filtragem passa-baixo). A filtragem passa-alto é necessária porque os artefactos de movimento são compostos por componentes de baixa frequência (tipicamente <10Hz). A filtragem passa-baixo é desejável para remover componentes de alta frequência para evitar o aliasing do sinal. No passado, era comum remover os componentes de ruído da linha eléctrica (A/C) (ou seja, 50 ou 60Hz) utilizando um filtro de entalhe acentuado. Existem problemas com a filtragem de entalhe porque o EMG tem grandes contribuições de sinal nestas frequências e nas frequências vizinhas. O resultado da filtragem de entalhe é a perda de informações importantes do sinal EMG, pelo que a filtragem de entalhe deve ser evitada como regra geral.

1.6 TIPO DE BRAÇOS ARTIFICIAIS

Existem vários tipos de braços artificiais descritos na literatura. Eles podem ser classificados como:

1. Braço mecânico
2. Braço elétrico
3. Braço híbrido
4. Braço Myo-Electric

A prótese alimentada eletricamente sob o controlo de sinais mioeléctricos dos músculos residuais só se tornou comercialmente disponível no final da década de 1960 e só obteve uma aceitação clínica generalizada no início da década de 1980. A prótese do membro superior controlada mioelectricamente oferece o nível mais elevado de reabilitação atualmente disponível. O controlo mioeléctrico deriva o seu nome do sinal de eletromiograma (EMG), que é produzido por um músculo quando este se contrai.

O sinal bruto do eletromiograma de superfície adquirido pelos eléctrodos de agulha é da ordem de 0,5 mV, enquanto que para os eléctrodos de superfície se situa na gama de dezenas de micro volts.

Neste tipo de braço são geralmente utilizados três eléctrodos de superfície, um que funciona como elétrodo de referência, outro como elétrodo ativo e o terceiro como elétrodo de terra. O sinal de diferença entre o elétrodo de referência e o elétrodo ativo é processado para reduzir o ruído no sistema. Um músculo normalmente inervado não apresenta atividade eléctrica em repouso. Estes sinais fornecem informações importantes sobre o estado fisiológico do músculo esquelético e o seu fornecimento nervoso. A intensidade do sinal do eletromiograma de superfície aumenta à medida que a tensão muscular aumenta. A gama de frequências do sinal do eletromiograma de superfície que mostra alterações com a abertura e o fecho da mão é de 15 a 500 Hz.

Existem dois conjuntos de músculos no antebraço que são activados sempre que um objeto é agarrado ou deixado pelos nossos dedos. Estes grupos musculares, separados por 180°, são chamados flexores e extensores. Na prótese mioeléctrica, utiliza-se a ativação destes dois músculos para abrir ou fechar o dispositivo terminal. Os eléctrodos colocados no encaixe da prótese captam os sinais destes músculos que, depois de condicionados, são utilizados para controlar a prótese. Este tipo de sistema resulta numa força de preensão e numa velocidade de preensão elevadas.

Além disso, muitos braços artificiais incluem mãos mioeléctricas e cotovelos passivos. Os cotovelos mioeléctricos só podem substituir os passivos de forma rentável se puderem garantir: durabilidade, baixo ruído, binário adequado, baixo consumo de energia, baixo peso, fácil controlo do movimento e movimentos naturais. A maioria destes objectivos pode ser alcançada através de uma boa conceção mecânica do sistema. A eficiência mecânica do mecanismo é um dos factores-chave e só pode ser alcançada evitando longas cadeias de engrenagens.

Os eléctrodos são colocados nos lados correspondentes do braço que anteriormente desempenhava a função desejada. Os sinais mioeléctricos são detectados através da colocação de três eléctrodos na pele. Dois eléctrodos são posicionados de modo a que haja uma tensão entre eles quando ocorre um sinal mioeléctrico. O terceiro elétrodo é colocado numa área neutra e a sua saída é utilizada para cancelar o ruído que pode interferir com os sinais dos outros dois eléctrodos. Outra caraterística importante dos sistemas mioeléctricos modernos é o dispositivo terminal intercambiável Kumar et al.

[15].

Outra consideração importante é que os modelos movidos pelo corpo são menos dispendiosos, tanto na compra inicial como na manutenção, em comparação com os sistemas mioeléctricos. As principais limitações incluem o uso de arneses restritivos, a falta de estética e a força de preensão funcional limitada.

1. O sinal bruto do eletromiograma de superfície adquirido pelos eléctrodos de agulha é da ordem de 0,5 mV.
2. Os sinais dos eléctrodos de superfície situam-se na gama de dezenas de microvolts. Neste tipo de braço são geralmente utilizados três eléctrodos de superfície, um que funciona como elétrodo de referência, outro como elétrodo ativo e o terceiro como elétrodo de terra. O sinal de diferença entre o elétrodo de referência e o ativo é processado para reduzir o ruído no sistema.
3. Um músculo normalmente inervado não apresenta atividade eléctrica em repouso. Estes sinais fornecem informações importantes sobre o estado fisiológico do músculo esquelético e o seu fornecimento nervoso. A intensidade do sinal do eletromiograma de superfície aumenta à medida que a tensão muscular aumenta.
4. A gama de frequências do sinal do eletromiograma de superfície que mostra alterações com a abertura e o fecho da mão é de 15 a 500 Hz.
5. Existem dois conjuntos de músculos no antebraço que são activados sempre que um objeto é agarrado ou deixado pelos nossos dedos. Estes grupos musculares separados por 180^0 são designados por flexores e extensores.

A prótese de braço é um dos principais requisitos para as pessoas que perderam o braço devido a um acidente. O principal requisito do braço protético é fornecer a funcionalidade da mão natural. No presente trabalho de tese, os movimentos do braço protético são controlados por sinais remotos. Contém todas as caraterísticas necessárias.

1. 7 VANTAGENS E DESVANTAGENS DO BRAÇO MIOELÉCTRICO

Há várias vantagens em usar uma prótese eléctrica como o braço mioeléctrico. A maioria das pessoas prefere este tipo de controlo porque as próteses não eléctricas são muitas vezes trabalhosas de operar, enquanto que a simples flexão de um músculo pode controlar as próteses mioeléctricas. Eliminam a necessidade do arnês apertado que os amputados têm de usar se optarem por uma prótese não eléctrica. Uma vez que as próteses eléctricas não têm de utilizar um cabo ou arnês de controlo, pode ser aplicada uma pele cosmética feita de silicone ou látex às próteses, melhorando consideravelmente a restauração cosmética (Advanced Arm Dynamics). Talvez a maior vantagem do braço mioeléctrico seja o seu alcance operacional.

Pode ser utilizada sobre a cabeça, junto aos pés e para os lados do corpo. Tais movimentos são quase impossíveis com próteses pesadas e não eléctricas. Infelizmente, a mão mioeléctrica não é perfeita. Um dos maiores inconvenientes das próteses eléctricas é o sistema de baterias necessário. Este sistema necessita de um certo nível de manutenção, incluindo o carregamento, o descarregamento e a eventual eliminação e substituição da bateria. As próteses eléctricas também tendem a ser mais pesadas do que outras opções protésicas, devido ao peso do motor e das baterias. No entanto, os designs avançados de suspensão minimizaram bastante o peso. Outra desvantagem é o potencial mau funcionamento do braço, resultando em reparações dispendiosas.

1,78 ORIENTAÇÃO DO TRABALHO DE INVESTIGAÇÃO

Chapter 1 **"INTRODUÇÃO",** inclui a introdução sobre a visão geral e o objetivo do trabalho de investigação a realizar.

Chapter 2 **"LITERATURE SURVEY",** fornece a literatura pormenorizada dos trabalhos de investigação já realizados na área.

Chapter 3 O capítulo **"MATERIAIS E MÉTODOS"** aborda várias ferramentas, software e técnicas que foram utilizados para adquirir e analisar o sinal SEMG registado.

Chapter 4 O capítulo **"METODOLOGIA"** descreve o conjunto de critérios e ferramentas utilizados para a interpretação dos sinais de electromiogramas de superfície e os algoritmos de redução de ruído baseados em Wavelet para obter melhores resultados.

Chapter 5 **"RESULTADOS E DISCUSSÕES",** apresenta uma panorâmica dos resultados obtidos e, por fim, a discussão.

CAPÍTULO 2

REVISÃO DA LITERATURA

O corpo humano é um resultado engenhoso da evolução. Os dispositivos protéticos inteligentes que utilizam um sistema computorizado e uma intervenção mínima do utilizador ainda não conseguem imitar a amplitude de movimento humana. As novas tecnologias estão a tornar cada vez mais possível restaurar a função parcial. Os sinais de eletromiograma de superfície podem representar uma solução interessante para controlar dispositivos artificiais, porque são fáceis de registar e permitem controlar diferentes movimentos do braço. Após a amputação de um membro, o processamento natural de sinais musculares complexos deixa de estar disponível para controlar o dispositivo protésico e, por esta razão, têm de ser desenvolvidas abordagens complexas de reconhecimento de padrões para extrair os comandos voluntários do utilizador. O desenvolvimento do braço protésico tem uma longa história.

Lars H. Lindstrom 1977 [17] A eletromiografia é a arte de descrever os sinais mioeléctricos. Estes sinais são a manifestação eléctrica do processo de excitação que precede a contração mecânica dos músculos. O sinal mioeléctrico, observado com eléctrodos de superfície ou com eléctrodos de agulha coaxiais, é composto pelos chamados potenciais de ação provenientes das fibras musculares individuais. As fibras do músculo estão organizadas funcionalmente em subgrupos, as chamadas unidades motoras. A atividade de cada unidade é controlada por um neurónio motor localizado na medula espinal, cujo axónio se estende até ao músculo.

Jacobsen et al. 1986 [12] desenvolveram um robot de efeitos finais destinado a funcionar como uma ferramenta de investigação de carácter geral para o estudo da destreza das máquinas. A mão de alto desempenho e com vários dedos oferece duas capacidades importantes. Permite a investigação experimental de conceitos básicos na teoria da manipulação, conceção de sistemas de controlo e deteção tátil. Além disso, serve de "banco de ensaio" para o desenvolvimento de sistemas de deteção tátil.

Eriksson et al. 1998 [18] Os investigadores também estudaram a viabilidade de redes neuronais para categorizar padrões de sinais de electromiogramas de superfície. Os sinais registados pelos eléctrodos de superfície são suficientes para controlar os movimentos de uma prótese virtual. O método apresentado oferece um grande potencial para o desenvolvimento de futuras próteses de mão.

Fermo C.P et al. 2000 [7] Apresentaram o desenvolvimento de um sensor de deteção da contração muscular humana, que capta sinais mioeléctricos, para controlar uma prótese mioeléctrica de membro superior. A análise do sinal é feita através de um software executado num microcontrolador que decide como abrir ou fechar a mão artificial. A facilidade de alterar a forma de atuação através de software torna a sua utilização atractiva para o paciente.

Furguson S 2002 [8] A mão protésica mioeléctrica permite ao utilizador realizar uma preensão simples com força proporcional à contração de um determinado grupo muscular. Este artigo descreve o desenvolvimento de um sistema que permitirá identificar formas de preensão complexas com base no movimento muscular natural. A aplicação deste sistema pode ser alargada a um controlador de dispositivo geral em que a entrada é obtida a partir do músculo do antebraço, medido com eléctrodos de superfície. Este sistema tem a vantagem de ser menos fatigante do que os dispositivos de entrada tradicionais.

Venkataramanan 2004 [27] O controlo mioeléctrico refere-se à utilização de sinais de eletromiograma (EMG) processados no funcionamento de dispositivos externos ao corpo humano. Existe uma variedade de algoritmos de controlo mioeléctrico, mas há uma enorme margem para otimização. Este artigo propõe um sistema inteligente que é capaz de otimizar a velocidade do sistema e o número de acções que podem ser selecionadas. Esta otimização implica uma análise matemática rigorosa das caraterísticas e da interdependência destes dois parâmetros. Os sistemas inteligentes empregam uma técnica de monitorização contínua das acções que são executadas. Assim, atribuem a menor duração de seleção às acções que são executadas o maior número de vezes.

Gorden K.E 2004 [9] Nesta investigação, o autor utilizou o controlo mioeléctrico proporcional de um objeto virtual unidimensional para investigar as diferenças no controlo eferente entre os músculos proximais e distais dos membros superiores. Foi permitida a restrição de movimentos durante o registo de sinais EMG dos flexores/extensores do cotovelo ou do punho durante contracções isométricas. Os sujeitos utilizaram este controlo proporcional do eletromiograma de superfície para mover o objeto virtual através de duas tarefas de rastreio, uma com um alvo estático e outra com um alvo em movimento (i.e., uma onda sinusoidal).

Mulas M 2005 [20] Foi efectuado o desenvolvimento, teste e experimentação de um dispositivo para a reabilitação da mão. O sistema concebido destina-se a pessoas que perderam parcialmente a capacidade de controlar corretamente a musculatura da mão, por exemplo após um acidente vascular cerebral ou uma lesão da espinal medula. Com base nos sinais de electromiogramas de superfície, o sistema pode "compreender" a vontade do sujeito de mover a mão e os actuadores podem ajudar o movimento dos dedos a realizar a tarefa. Este artigo descreve o dispositivo e discute os primeiros resultados obtidos num voluntário saudável.

Al-Assaf Y 2006 [1] Recolheu dados mioeléctricos de um total de cinco indivíduos com membros normais, incluindo homens e mulheres com idades compreendidas entre os 20 e os 44 anos. Todos os membros do grupo de teste humano estavam isentos de quaisquer problemas neuromusculares aparentes. Os sinais mioeléctricos foram registados utilizando eléctrodos de superfície Ag-AgCl dos bíceps e tríceps braquiais, uma vez que estes grupos musculares estão relacionados com os movimentos do cotovelo e do pulso de interesse. Os sinais foram filtrados de forma passa-alta e passa-baixa com frequências de corte de 0,1 e 300 Hz, respetivamente. Os sinais foram amostrados a 1 k amostras por segundo e digitalizados com uma resolução de 12 bits. Foi pedido a cada sujeito que efectuasse movimentos consecutivos e aleatórios de flexão do cotovelo, extensão do cotovelo e suspiração do pulso, fazendo uma pausa após cada movimento.

Reaz et al. 2006 [23] Os sinais de eletromiografia (EMG) podem ser utilizados em aplicações clínicas/biomédicas, no desenvolvimento de chips de hardware evolutivos e na interação humana moderna com o computador. Os sinais de eletromiograma de superfície adquiridos dos músculos requerem métodos avançados de deteção, decomposição, processamento e classificação. O objetivo deste documento é ilustrar as várias metodologias e algoritmos para a análise de sinais EMG, a fim de proporcionar formas eficientes e eficazes de compreender o sinal e a sua natureza.

Khezri Mahdi 2007 [14] O sinal do eletromiograma é uma manifestação eléctrica das contracções dos músculos. O sinal do eletromiograma de superfície recolhido da superfície da pele tem sido utilizado em diversas aplicações. Uma das suas utilizações é explorá-lo num sistema de reconhecimento de padrões que avalia e sintetiza movimentos de próteses de mão. A capacidade das próteses actuais tem sido limitada à simples abertura e fecho, o que diminui a eficácia destes dispositivos em relação à mão natural. Com o objetivo de aumentar a capacidade e a precisão dos movimentos e do desempenho das próteses de braço, é proposta uma nova abordagem para um sistema de reconhecimento de padrões de electromiogramas de superfície.

Day Scott 2009 [5] Pequenas correntes eléctricas são geradas pelas fibras musculares antes da produção de força muscular. Estas correntes são geradas pela troca de iões através das membranas das fibras musculares, uma parte do processo de sinalização para as fibras musculares se contraírem. O sinal denominado eletromiograma (EMG) pode ser medido através da aplicação de elementos condutores ou eléctrodos à superfície da pele ou de forma invasiva no interior do músculo. A medição do EMG de superfície depende de uma série de factores e a amplitude varia desde a gama de uV até à gama baixa de mV.

Kumar et al. 2009 [15] Para realizar as actividades do dia a dia, a mão humana desempenha um papel muito importante. Objectos com pesos diferentes requerem uma força diferente da mão para serem agarrados. Por exemplo, o vidro térmico requer uma força muito pequena para ser agarrado, enquanto os objectos pesados exigem uma força correspondentemente maior para não escorregarem. A lógica da preensão foi aqui explicada para a realização de diferentes acções.

Toledo C et al. 2009 [24] Concebeu um braço protético mioeléctrico que interage com o amputado.

As próteses comerciais tradicionais têm pelo menos três graus de liberdade, mas o braço humano tem 22 graus de liberdade. Cada prótese tem caraterísticas, vantagens e desvantagens diferentes. Foram apresentados quatro tipos diferentes de próteses: o cotovelo de Boston, o braço de Utah, a prótese de Kuiken no âmbito do projeto da DARPA e a prótese em desenvolvimento em laboratório.

Ryait et al. 2010 [24] O eletromiograma de superfície é um método comum de medição da atividade muscular. É não-invasivo e é medido com risco mínimo para o sujeito. A análise do sinal do eletromiograma de superfície depende de uma série de factores, tais como a amplitude e as propriedades no domínio do tempo e da frequência. Os sinais mioeléctricos foram extraídos utilizando um amplificador de eletromiograma de superfície de canal único constituído por um amplificador diferencial, um amplificador não inversor e um módulo de interface. O software Matlab foi utilizado para adquirir o sinal do eletromiograma de superfície a partir do hardware. Após a aquisição dos dados de seis locais selecionados, foram feitas interpretações para a estimativa dos parâmetros do eletromiograma de superfície utilizando o algoritmo de filtro Matlab e a técnica de transformada rápida de Fourier.

Kumar et al. 2012 [16] Sendo o eletromiograma de superfície não invasivo (SEMG) um método comum na medição da atividade muscular. Aqui foi discutido o design e desenvolvimento completo de um braço mioeléctrico baseado na força de preensão. Para extrair os componentes espectrais que contêm informações importantes, é necessário colocar os eléctrodos de processamento de sinal o mais longe possível uns dos outros na direção transversal.

Hariharan et al. 2012 [10] Os aspectos relevantes a cobrir no âmbito do desenvolvimento do braço constituem duas fases - a primeira fase, o condicionamento do sinal com controlo e a segunda fase, a sua montagem mecânica. A conceção eletrónica consiste no processamento de sinais analógicos e digitais e no circuito de controlo. Este trabalho apresenta um estudo comparativo de diferentes famílias de wavelets para análise do sinal de eletromiograma. O trabalho relacionado com a extração de caraterísticas e protocolos de classificação para operações do pulso a partir do sinal do músculo do antebraço também foi observado neste trabalho relatado.

Veer et al. 2013 [26] O corpo humano é uma combinação de sistemas em interação que podem ser analisados utilizando princípios de engenharia. É sabido que a Eletromiografia de Superfície é a atividade gerada devido a uma atividade muscular. Estes sinais podem ser facilmente adquiridos a partir da superfície da pele do corpo, de forma não invasiva, tendo sido relatada investigação com várias técnicas de controlo das próteses acima do cotovelo. Neste trabalho, foi efectuado um estudo do eletromiograma de superfície da atividade dos músculos do cotovelo com diferentes operações dos braços. Os sinais mioeléctricos da parte superior do cotovelo foram extraídos utilizando um sistema de hardware de conceção interna. A aquisição de dados do eletromiograma de superfície de locais selecionados do cotovelo foi interpretada para várias extracções de caraterísticas do eletromiograma de superfície utilizando o LABVIEW para identificação RMS com o cálculo de parâmetros. O resultado mostra a alteração das caraterísticas dos valores extraídos para diferentes movimentos em relação a cada posição e movimento.

CAPÍTULO 3

AVALIAÇÃO SEMG

Este capítulo descreve os eléctrodos, a teoria dos eléctrodos, os diferentes movimentos do braço e, finalmente, o código simulado Labview foi utilizado para a análise do sinal do eletromiograma de superfície. O eletromiograma de superfície apresenta um comportamento complexo com diferentes complexidades.

No presente trabalho de investigação, os sinais do eletromiograma de superfície foram recolhidos com a ajuda de eléctrodos passivos e analisados com o Labview® em duas posições, nomeadamente Biceps Brachii e Triceps Brachii, respetivamente, para quatro movimentos diferentes do braço.

3.1 ELECTRODES

Para observar a medição do eletromiograma (EMG), poder-se-ia facilmente concluir que os eléctrodos de medição são simplesmente terminais eléctricos ou pontos de contacto a partir dos quais se podem obter tensões na superfície do corpo. Além disso, a finalidade da pasta ou geleia de eletrólito frequentemente utilizada neste tipo de medição pode ser considerada como sendo apenas a impedância cutânea do sistema.

Foram recolhidos sinais de eletromiograma de superfície utilizando eléctrodos não invasivos na superfície da pele do braço acima do cotovelo, que foram posteriormente utilizados para o controlo de próteses do membro superior. Uma boa aquisição do sinal de eletromiograma é um pré-requisito para um bom processamento do sinal. A colocação de eléctrodos numa localização adequada é uma questão importante, uma vez que a amplitude do sinal do eletromiograma de superfície é influenciada pela localização dos eléctrodos.

3.2 Teoria dos eléctrodos

A interface do ião metálico em solução com os seus metais associados resulta num potencial elétrico que se designa por potencial de elétrodo. Este potencial é o resultado da diferença na taxa de difusão dos iões para dentro e para fora do metal. O equilíbrio é produzido pela formação de uma camada de carga na interface. Esta carga é de facto uma camada dupla, sendo a camada do metal de uma polaridade. Os materiais não metálicos, como o hidrogénio, também têm um potencial de elétrodo quando em interface com os iões que lhes estão associados na solução. É impossível determinar o potencial de elétrodo absoluto de um único elétrodo, pois a medição do potencial entre o elétrodo e a sua solução iónica exigiria a colocação de outra interface metálica na solução.

Todos os potenciais de elétrodo são dados como valores relativos e devem ser indicados em termos de algumas referências. Por acordo internacional, o elétrodo de hidrogénio normal foi escolhido como referência padrão e foi-lhe atribuído arbitrariamente um potencial de elétrodo de zero volt.

3.3 Eléctrodos de biopotencial

Pode ser utilizada uma grande variedade de eléctrodos para medir o potencial bioelétrico, mas principalmente classificados em três tipos básicos: microelectrodos, eléctrodos de superfície da pele e eléctrodos de agulha.

Todos os três tipos de eléctrodos de biopotencial têm a interface metal-eletrólito e, em cada caso, desenvolve-se um potencial de elétrodo através da interface, proporcional à troca de iões entre os metais e os electrólitos do corpo.

As actividades químicas que ocorrem dentro de um elétrodo podem causar flutuações de tensão em qualquer entrada fisiológica. Esta variação pode aparecer como ruído num sinal bioelétrico. O ruído pode ser reduzido através da escolha adequada dos materiais ou, na maioria dos casos, através de um tratamento especial, como o revestimento dos eléctrodos por alguns métodos electrolíticos para melhorar a estabilidade. Verificou-se que um elétrodo de cloreto de prata e prata é muito estável. Este tipo de elétrodo é preparado através do revestimento eletrolítico de uma peça de prata pura com cloreto de prata. O revestimento é normalmente efectuado colocando uma peça de prata limpa numa solução de cloreto de sódio sem brometo. Um segundo pedaço de prata é também colocado na solução e os dois são ligados a uma fonte de tensão, de modo a que o elétrodo a ser revestido com cloreto se torne positivo em relação ao outro. Os iões de prata combinam-se com os iões de cloreto do sal para produzir moléculas neutras de cloreto de prata que revestem o elétrodo de prata.

3.4 Eléctrodos de superfície do corpo

Os eléctrodos utilizados para obter o potencial bioelétrico da superfície do corpo são encontrados em muitos tamanhos e formas. Embora possam ser utilizados para detetar os potenciais do eletromiograma de superfície.

(a) Eléctrodos descartáveis (Figura 3.1), eliminam a necessidade de limpeza e cuidados após cada utilização. Em geral, os eléctrodos descartáveis são do tipo flutuante com simples conectores de encaixe através dos quais se fixam as derivações, que são reutilizáveis. Embora alguns eléctrodos descartáveis possam ser reutilizados várias vezes, o seu custo é normalmente suficientemente baixo para que a sua reutilização não se justifique. São fornecidos pré-gelatinizados, prontos para utilização imediata.

Figura 3.1: Eléctrodos descartáveis

(b) Eléctrodos activos, na maioria das leituras de electromiogramas de superfície são utilizados eléctrodos passivos. São baratos, fáceis de fabricar e de manter. Exigem, no entanto, uma preparação especial da pele no local sob o elétrodo, sendo também necessárias pastas especiais para reduzir a impedância entre os eléctrodos e a pele. O elétrodo ativo (Figura 3.2) é um elétrodo que não requer preparação da pele. É possível com o pré-amplificador colocado muito próximo da pele (dentro do elétrodo). A elevada impedância da pele seca pode ser omitida através da utilização de um amplificador com uma impedância de entrada muito elevada. Outra razão para utilizar eléctrodos activos é a segurança. Uma vez que a impedância pele seca-electrodo é muito elevada (alguns mega ohms), a barreira de isolamento é muito maior em comparação com os eléctrodos passivos.

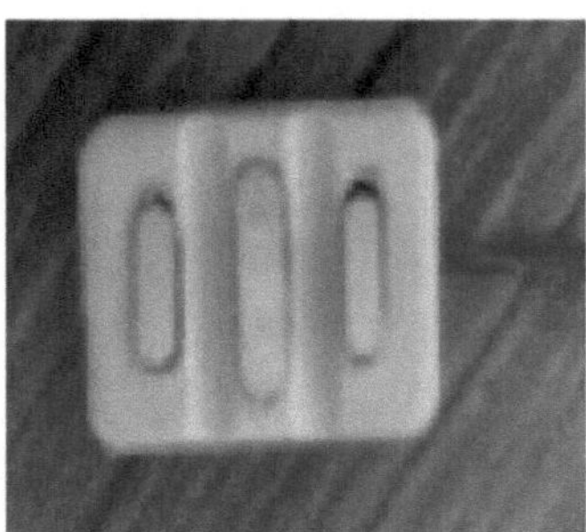

Figura 3.2: Eléctrodos activos

Ao integrar o primeiro estágio do amplificador com um elétrodo Ag/AgCl sinterizado, são agora possíveis medições com ruído extremamente baixo e sem interferências, sem qualquer preparação da pele. O elétrodo ativo é um sensor com uma impedância de saída muito baixa, pelo que todos os problemas relacionados com o acoplamento capacitivo entre o cabo e as fontes de interferência, bem como quaisquer artefactos provocados pelos movimentos do cabo e do conetor, são completamente eliminados.

3.5 Colocação de eléctrodos

Para uma aquisição adequada do sinal, a colocação do elétrodo no braço é muito importante. Isto requer uma identificação exacta do músculo. Após estudo e experimentação exaustivos, foram identificados dois músculos flexores e extensores do membro residual - Bíceps Braquial e Tríceps Braquial - dos quais foi obtido um sinal apreciável durante a contração.

Por cima destes músculos foram montados três eléctrodos de superfície banhados a ouro - um como elétrodo de referência, outro como elétrodo ativo e o terceiro como elétrodo de terra. O sinal de diferença entre o elétrodo de referência e o elétrodo ativo é processado para reduzir o ruído no sistema DeLuca [4]. Para um melhor contacto entre o elétrodo e o músculo, utilizámos uma solução condutora de tipo gelatinoso. Foi necessário um grande esforço para colocar estes eléctrodos de forma óptima e para identificar o ponto adequado da propagação axial do músculo onde a amplitude do sinal era máxima.

O conjunto de eléctrodos não pode ser colocado axialmente ao longo dos músculos do braço porque o comprimento do coto disponível nestes doentes não é suficiente. A colocação deste conjunto na direção transversal levou à dificuldade de a superfície do braço não ser uniforme ao longo da extensão radial do coto; era bastante curva. Além disso, no momento do relaxamento e da contração do músculo, esta curvatura varia e os eléctrodos não podiam ser fixados corretamente para captar o sinal de um determinado ponto. Durante as experiências com esta montagem, verificou-se que, se os eléctrodos forem colocados muito próximos uns dos outros, os eléctrodos activos e de referência captam quase o mesmo sinal do mesmo músculo, não havendo qualquer diferença entre eles. Por esta razão, para obter um sinal substancial, tivemos de colocar os eléctrodos o mais longe possível uns dos outros na direção transversal. Existem duas estratégias gerais para a colocação dos eléctrodos, que são as seguintes

- Longitudinal: recomenda-se a colocação do elétrodo bipolar a meia distância da zona da placa motora distal (aproximação - linha média do músculo) e do tendão distal. O objetivo é evitar que o sensor fique sobre a zona de inervação ou o tendão durante toda a amplitude de movimento.

- Transversal: a recomendação é colocar o elétrodo bipolar no músculo de modo a que cada sensor fique afastado do limite da área de registo muscular de interesse. Esta pode consistir nos compartimentos de um músculo grande e nos músculos vizinhos subjacentes à área do elétrodo. Normalmente, isto significa que a linha entre os centros dos sensores do elétrodo é aproximadamente paralela ao eixo longo do músculo.

3.6 Preparação da pele

A interface elétrodo - pele gera um potencial de tensão D/C, causado principalmente por um grande aumento da impedância da camada mais externa da pele, incluindo material de pele morta e secreções de óleo. Este potencial D/C, comum a todos os eléctrodos, pode ser minimizado com uma preparação adequada da pele. De facto, a qualidade do contacto é normalmente reduzida pelo menos por um fator de 10 com uma preparação adequada.

3.7 Identificação do músculo Critérios

- Os músculos utilizados para o controlo devem ser superficiais e os seus sinais devem ser acessíveis para a captação eléctrica por eléctrodos de superfície.

-O músculo de controlo não deve interferir ou inibir as actividades normais quando utilizado para o controlo mioeléctrico.

-Os músculos de controlo devem aproximar-se tanto quanto possível dos movimentos normais.

-O sinal produzido pelo músculo deve ter uma força suficiente para ativar o sistema de controlo. Este nível de sinal deve ser produzido facilmente para que a criança possa efetuar contracções repetidas sem se cansar.

-Os músculos devem ser completamente voluntários para se contraírem e relaxarem conforme a vontade da pessoa.

3.8 PROCEDIMENTO SEMG

Existem dois tipos de eléctrodos utilizados na EMG - os de superfície e os de agulha. Os eléctrodos de agulha são inseridos diretamente no músculo de interesse após perfuração da pele, o que deve ser feito sob a supervisão de um profissional médico. Os eléctrodos de agulha só são utilizados se for necessário estudar um tecido muscular específico. Os eléctrodos de superfície são utilizados quando se pretende estudar um grupo de músculos.

Neste estudo, apenas foram utilizados eléctrodos de superfície, uma vez que não requerem a intervenção de um profissional médico. A unidade motora é definida como um neurónio motor e todos os músculos recebem um sinal elétrico deste para a sua ativação. Quando uma unidade motora dispara, o impulso elétrico viaja até ao músculo. A área onde o nervo entra em contacto com o músculo é designada por junção neuromuscular. Depois de o impulso elétrico, sob a forma de potencial de ação, ser transmitido através da junção neuromuscular, espalha-se por todas as fibras musculares ligadas a essa unidade motora específica. A soma de toda esta atividade eléctrica é conhecida como potencial de ação da unidade motora (MUAP). O que o elétrodo de superfície do EMG capta é a soma de muitos MUAPs dessa área. Por conseguinte, o sinal EMG captado pelo elétrodo de superfície depende de vários factores, como a composição da unidade motora, o número de fibras musculares por unidade motora e o tipo metabólico das fibras musculares. Quando um indivíduo está em repouso ou se pode dizer que um tecido muscular está em repouso, isso significa que o tecido está em grande parte eletricamente inativo. Neste estado, o elétrodo não capta qualquer sinal do músculo. Quando se pede ao sujeito que contraia o músculo, o sinal é detectado. A amplitude do sinal dependerá da extensão da contração, uma vez que cada vez mais fibras musculares produzem um potencial de ação.

3.9 AQUISIÇÃO DE SINAIS

Foram recolhidos sinais de eletromiograma de superfície utilizando eléctrodos não invasivos na superfície da pele do braço acima do cotovelo, que foram posteriormente utilizados para o controlo da prótese do membro superior. Uma boa aquisição do sinal do eletromiograma de superfície é um pré-requisito para um bom processamento do sinal. A colocação dos eléctrodos num local adequado é uma questão importante, uma vez que a amplitude do sinal do eletromiograma de superfície é influenciada pela localização dos eléctrodos. Nesta experiência, foram identificadas duas posições para a aquisição do sinal, nomeadamente Biceps Brachii e Triceps Brachii.

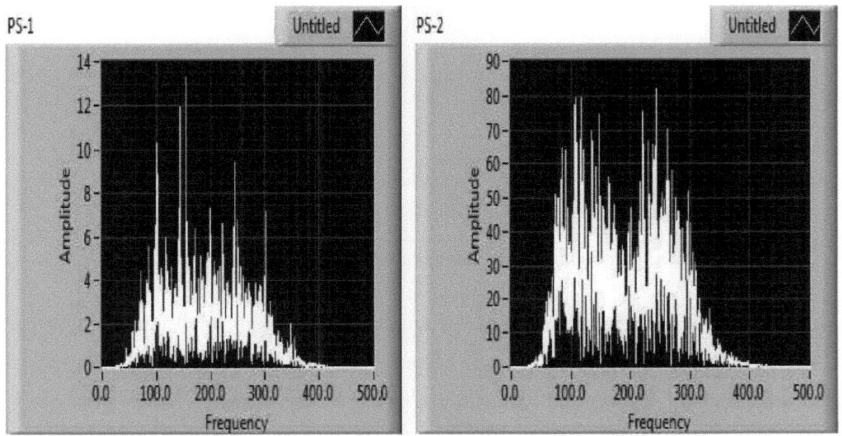

Figura 3.3: Espectro de potência do EMG: (a) Estado de repouso, (b) Estado de contração

O sinal bruto extraído com eléctrodos não invasivos é composto por vários tipos de ruído, pelo que é necessário condicionar e processar o sinal para reduzir os artefactos e obter informações importantes para a análise dos dados. O processamento do sinal é implementado utilizando o LABVIEW, uma vez que esta plataforma fornece muitas ferramentas matemáticas para analisar as caraterísticas do sinal. O sinal é amplificado e passa por um filtro passa-banda com CMRR e ganho elevados para reduzir os artefactos de movimento (HPF) e o ruído (LPF) Sharma et al. [29].

Uma vez que a forma mais fácil de visualizar o sinal do eletromiograma de superfície registado é o espetro de potência, a Figura 3.3 mostra o espetro de potência para (a) o estado de repouso e (b) durante o estado de contração (ou seja, para a atividade específica P2)

Os blocos (Figura 3.4) do sistema de deteção do sinal do eletromiograma de superfície são constituídos por um amplificador diferencial, um amplificador não inversor e um circuito de filtragem. Sendo uma técnica não invasiva, a aquisição do sinal do eletromiograma de superfície é fortemente influenciada pelas caraterísticas dos eléctrodos e pela sua localização nos músculos necessários. De acordo com os investigadores Schulz et al. [26] e Jacobsen et al. [12], o potencial de membrana no músculo é de cerca de -90 mV e a gama de potenciais medidos no eletromiograma de superfície situa-se entre 0 e 10mV (pico a pico), com uma gama de frequências de 2 a 10 kHz, sendo a informação mais relevante abaixo de 500 Hz. Veer et al. [32].

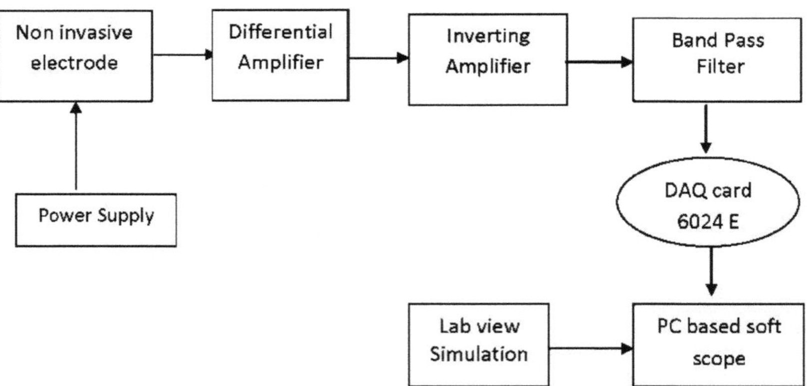

Figura 3.4: Diagrama de blocos para a aquisição de SEMG projectada

Um dos blocos importantes na fase de entrada é a amplificação, que consiste num amplificador diferencial com um rácio de rejeição de modo comum (CMRR) entre 90 e 120 dB. Após a amplificação, os sinais foram filtrados utilizando blocos de software e hardware. Em ambos os casos, o valor da frequência de corte passa-alto foi de 10 Hz, enquanto a frequência de corte passa-baixo foi de 500 Hz [22] Englehart et al. [6].

A primeira fase da parte de processamento é a fase de pré-amplificador. Foi utilizado um amplificador diferencial como pré-amplificador, que amplificou o sinal com um ganho de 5 e um CMRR superior a 90 db. O sinal do eletromiograma de superfície foi novamente amplificado por um amplificador não inversor na segunda fase, com um ganho de 1000. O objetivo do amplificador não inversor era permitir uma afinação fina do ganho necessário. Para extrair os componentes espectrais que contêm informações importantes, é necessário colocar os eléctrodos de processamento do sinal o mais afastados possível uns dos outros na direção transversal Jacobsen et al. [12]. A distância entre eléctrodos foi mantida em 1 cm. Foram utilizados três eléctrodos para a aquisição do sinal. A frequência de amostragem utilizada para a aquisição foi de 1000 Hz. Os sinais de eletromiograma de superfície registados foram processados e analisados com o código simulado Labview Veer et al. [32].

Na fase seguinte, foi feita a interface para ligar o circuito amplificador do sinal do eletromiograma de superfície ao computador através da placa de aquisição de dados (DAQ). O processo de digitalização é definido pelo conceito de frequência de amostragem, uma vez que se baseia no teorema da frequência de Nyquist, ou seja, o processo de amostragem do sinal do eletromiograma de superfície a menos de 1000 Hz (amostras/segundo) pode distorcer o sinal devido a aliasing.

Alguns dos ruídos do equipamento de deteção e registo não podem ser eliminados, mas podem ser reduzidos utilizando componentes de alta qualidade. O ruído ambiente de cerca de 50 Hz provém das fontes de energia. Em seguida, o ruído dos artefactos de movimento tem a maior parte da sua energia na gama de frequências de 0 a 20 Hz e pode ser reduzido através da conceção adequada do circuito elétrico. No que diz respeito à configuração dos eléctrodos, a configuração bipolar é mais adequada do que a unipolar, uma vez que elimina o sinal indesejado. Esta configuração bipolar funciona como um filtro passa-banda cuja largura de banda é função do espaçamento entre as superfícies de deteção Lars et al. [18] Veer et al. [32].

3.10 LABVIEW

O LabVIEW é um sistema de desenvolvimento para aplicações de medição e automação industriais, experimentais e educativas, baseado na programação gráfica, ao contrário da programação textual. Possui um grande número de funções para análise numérica, conceção e visualização de dados. É um ambiente de desenvolvimento gráfico revolucionário com funcionalidades integradas para aquisição de dados, controlo de instrumentos, análise de medições e apresentação de dados. O LabVIEW oferece a flexibilidade de uma poderosa linguagem de programação sem a complexidade dos ambientes de desenvolvimento tradicionais. O LabVIEW oferece capacidades extensivas de aquisição, análise e apresentação num único ambiente, para que se possa desenvolver sem problemas um sistema completo na plataforma escolhida.

O ambiente de desenvolvimento gráfico LabVIEW fornece ferramentas poderosas para criar aplicações sem escrever quaisquer linhas de código baseado em texto. Com o LabVIEW, é possível arrastar e largar objectos pré-construídos para criar rápida e simplesmente interfaces de utilizador para a aplicação. Em seguida, é possível especificar a funcionalidade do sistema através da montagem de diagramas de blocos, uma notação de design natural para cientistas e engenheiros.

O LabVIEW tem conetividade aberta com outras aplicações e, além disso, o LabVIEW pode permitir-lhe ligar-se a outras aplicações e partilhar dados através de ActiveX, Web, DLLs, bibliotecas partilhadas, SQL, TCP/IP, XML, OPC, comunicação sem fios e outros métodos. A conetividade aberta do LabVIEW permite-lhe criar aplicações abertas e flexíveis que podem comunicar com outras aplicações na sua organização. Com o LabVIEW, é possível desenvolver sistemas que satisfazem até os requisitos de desempenho mais exigentes numa variedade de plataformas, incluindo Windows, Macintosh, UNIX ou sistemas em tempo real.

O LabVIEW também inclui ferramentas tradicionais de desenvolvimento de programas. É possível definir pontos de interrupção, animar a execução do programa para ver como o programa é executado e percorrer o programa num único passo para facilitar a depuração e o desenvolvimento do programa.

3.10.1 Sobre o LabVIEW

Os programas LabVIEW são chamados de instrumentos virtuais ou VIs porque sua aparência e operação imitam instrumentos físicos, como osciloscópios e multímetros. Cada VI que informação ou movê-la para outros ficheiros ou outros computadores. Um VI contém os três componentes a seguir:

Painel frontal - serve de interface para o utilizador.

Diagrama de blocos - Contém o código fonte gráfico que define a funcionalidade do VI.

Ícone e painel de ligação - Identifica o VI para que possa utilizar o VI noutro VI. Um VI dentro de outro VI é chamado de subVI. Um subVI corresponde a uma sub-rotina em linguagens de programação baseadas em texto. Esta secção apresenta uma visão geral do painel frontal, do diagrama de blocos e das paletas do LabVIEW. Também explica o modelo de fluxo de dados para a execução de programas que

O LabVIEW segue

3.4.2 Programação do fluxo de dados

A linguagem de programação utilizada no LabVIEW, também designada por G, é uma linguagem de programação de fluxo de dados. A execução é determinada pela estrutura de um diagrama de blocos gráfico (o código-fonte LV), no qual o programador liga diferentes nós de funções através de fios de linha. Estes fios propagam variáveis e qualquer nó pode ser executado logo que todos os seus dados de entrada estejam disponíveis. Uma vez que este pode ser o caso para vários nós em simultâneo, G é inerentemente capaz de execução paralela. O hardware multi-processamento e multi-threading é automaticamente explorado pelo programador incorporado, que multiplexa vários threads do SO nos nós prontos para execução.

3.4.3 Programação gráfica

O LabVIEW associa a criação de interfaces de utilizador (denominadas painéis frontais) ao ciclo de desenvolvimento. Os programas/sub-rotinas do LabVIEW são chamados instrumentos virtuais (VIs). Cada VI tem três componentes: um diagrama de blocos, um painel frontal e um painel de conectores. O último é utilizado para representar o VI nos diagramas de blocos de outros VIs de chamada. Os controlos e indicadores no painel frontal permitem a um operador introduzir ou extrair dados de um instrumento virtual em execução. No entanto, o painel frontal pode também servir como interface programática. Assim, um instrumento virtual pode ser executado como um programa, com o painel frontal a servir de interface de utilizador, ou, quando colocado como um nó no diagrama de blocos, o painel frontal define as entradas e saídas para o nó em questão através do painel de conectores. Isto implica que cada VI pode ser facilmente testado antes de ser incorporado como uma sub-rotina num programa maior.

A abordagem gráfica também permite que não-programadores criem programas simplesmente arrastando e soltando representações virtuais de equipamentos de laboratório com os quais já estão familiarizados. O ambiente de programação LabVIEW, com os exemplos incluídos e a documentação, torna simples a criação de pequenas aplicações. Isto é uma vantagem por um lado, mas também existe um certo perigo de subestimar os conhecimentos necessários para uma programação "G" de boa qualidade. Para algoritmos complexos ou código em grande escala, é importante que o programador possua um conhecimento alargado da sintaxe especial do LabVIEW e da topologia da sua gestão de memória. Os sistemas de desenvolvimento LabVIEW mais avançados oferecem a possibilidade de construir aplicações autónomas.

O número de blocos matemáticos avançados para funções como integração, filtros e outras capacidades especializadas normalmente associadas à captura de dados de sensores de hardware é imenso. Além disso, o LabVIEW inclui um componente de programação baseado em texto chamado Math Script com funcionalidades adicionais para processamento de sinais, análise e matemática. O

Math Script pode ser integrado na programação gráfica utilizando "nós de script" e utiliza uma sintaxe que é geralmente compatível com o MATLAB.

O carácter totalmente orientado para os objectos do código LabVIEW permite a reutilização do código sem modificações: desde que os tipos de dados de entrada e saída sejam consistentes, dois sub VIs são permutáveis. O sistema de desenvolvimento profissional LabVIEW permite criar executáveis autónomos e o executável resultante pode ser distribuído um número ilimitado de vezes.

3.11 NI-DAQ (CARTÃO DE AQUISIÇÃO DE DADOS)

Utilizando o NI-DAQ, pode facilmente adquirir, analisar e apresentar as suas medições no LabVIEW. Com o primeiro conjunto de VIs do NI-DAQ, é necessário configurar os canais de aquisição com o sensor através da interface de elétrodo de superfície. Como esse VI usa um canal nomeado, a maior parte do condicionamento do sinal e da configuração do hardware do DAQ é tratada automaticamente. Em seguida, encaminha-se a forma de onda do VI de leitura para o VI de medição de deteção de picos.

O tipo de dados de forma de onda transporta os dados escalonados do sensor e do tempo para a função de medição. Finalmente, os dados de medição podem ser apresentados num indicador e/ou num gráfico de forma de onda que tem automaticamente as unidades de tempo e de engenharia corretas.

A qualidade do seu software de configuração e driver é tão importante quanto a qualidade do seu hardware de medição. O NI-DAQ é um controlador robusto e comprovado para hardware de aquisição de dados e condicionamento de sinal da NI. Este software ajuda-o a instalar rapidamente o seu dispositivo e a começar a recolher dados de medição. O NI-DAQ inclui centenas de exemplos de aplicações para iniciar o desenvolvimento da sua aplicação. O NI-DAQ oferece a mesma facilidade de uso e desempenho em muitos ambientes de desenvolvimento, sistemas operacionais e barramentos de computador.

O NI-DAQ é o software de controlador robusto incluído em todos os produtos de aquisição de dados e condicionamento de sinais da National Instruments. Este software fácil de usar integra totalmente a funcionalidade do seu hardware DAQ ao LabVIEW, Lab Windows/CVI e Measurement Studio para Visual Basic. Os recursos de alto desempenho incluem sincronização de vários dispositivos, medições em rede e gerenciamento de dados DMA. Juntamente com o NI-DAQ, o utilitário Measurement & Automation Explorer simplifica a configuração do seu hardware de medição com painéis de teste de dispositivos, medições interactivas e canais de E/S com escala. O NI-DAQ também fornece vários programas de exemplo para LabVIEW e outros ambientes de desenvolvimento de aplicações para que possa começar a utilizar a sua aplicação rapidamente.

O software NI-DAQ isola-o dos comandos de registo específicos do hardware e oferece-lhe uma interface de programação de aplicações (API) simples, mas poderosa, entre as capacidades completas do hardware e uma grande variedade de ambientes e linguagens de desenvolvimento. Devido à consistência da API, é possível utilizar hardware DAQ diferente com a mesma aplicação sem modificar o software.

Figura 3.5: Sistema de aquisição de dados (NI-DAQ (PCI-6024E))

CAPÍTULO 4

COMPRESSÃO E DENOISING DO SINAL SEMG

Para compreender as caraterísticas do sinal do eletromiograma de superfície, os sinais foram registados nos músculos Biceps brachii e Triceps brachii, respetivamente, em contracções voluntárias baixas, médias e altas, em condições isométricas.

4.1 ACTIVIDADES REALIZADAS

Os sujeitos estavam sentados numa cadeira. Foi pedido a cada sujeito que executasse sete movimentos independentes para a ativação de diferentes músculos.

1. Atividade P1- O braço estava em repouso com a posição descendente paralela ao corpo, Extensão do cotovelo (ee).
2. Atividade P2- O braço foi movido para cima. Esta posição é designada por cotovelo em flexão (ef)
3. Atividade P3- O braço foi rodado no sentido dos ponteiros do relógio (clk).
4. Atividade P4- O braço foi rodado no sentido contrário ao dos ponteiros do relógio (antclk).
5. ActividadeP5- Contração voluntária reduzida.
6. Atividade P6- Contração voluntária média.
7. Atividade P7- Contração voluntária elevada.

4.2 EXPERIMENTAÇÃO

Cinco voluntários saudáveis do sexo masculino, com idades entre 24 e 34 anos, peso entre 65 e 90 kg e altura entre 165 e 180 cm, participaram na parte completa deste estudo. Foram informados sobre o objetivo da experiência. O sinal do eletromiograma de superfície foi adquirido de dois músculos do braço, o Bíceps e o Tríceps braquial, através de eléctrodos não invasivos colocados na linha média do ventre muscular, utilizando a placa NI DAQ e o código de soft scope baseado no LABVIEW.

As amostras foram guardadas com um nome específico no espaço de trabalho, uma vez que possui um grande número de funções para análise numérica, conceção e visualização de dados. É um ambiente de desenvolvimento gráfico com funcionalidades incorporadas para aquisição de dados, controlo de instrumentos, análise de medições e apresentação de dados.

Foram registadas cerca de 1000 amostras para a janela de tempo de 3000 ms do soft scope no espaço de trabalho. Foi feito um programa para filtrar o sinal na banda de frequência de 70 a 280 Hz, de modo a minimizar os artefactos de movimento e o efeito de aliasing. Os diferentes parâmetros foram então calculados. Para compreender o comportamento do sinal do eletromiograma de superfície, a experiência foi realizada inicialmente em duas fases. Na primeira fase, o braço está em "repouso" sem movimento da mão (Sem sEMG) e na segunda fase, está com movimento máximo (com SEMG).

4.3 DENOISING UTILIZANDO A ANÁLISE WAVELET

O princípio da denoising wavelet de Lascu et al. [19], Jiang et al. [13], Veer et al. [33] consiste em decompor o sinal através da transformada wavelet, seguindo-se a aplicação de limiares adequados aos coeficientes de pormenor, zerando todos os coeficientes abaixo dos limiares associados e, finalmente, reconstruindo o sinal denoised com base nos coeficientes de pormenor modificados. O modelo subjacente ao sinal do eletromiograma de superfície, f(n), é a sobreposição do sinal, s(n), e do ruído, e(n),

$$f(n) = s(n) + e(n) \qquad (1)$$

Uma vez que o sinal tenha passado pela decomposição wavelet, é necessário selecionar um limiar para estimar o sinal de interesse, s(n), a partir de f(n), descartando o ruído corruptor e(n).

A eliminação de ruído Wavelet pode ser dividida nas seguintes etapas (Figura 4.1):

- Efetuar a decomposição multi-escala dos sinais brutos do eletromiograma de superfície;
- Estimar o ruído, escolher e aplicar a análise do limiar e, por fim;
- Reconstruir os sinais do eletromiograma de superfície através dos coeficientes wavelet revistos.

4.4 SELECÇÃO DA BASE

O critério para a seleção da melhor base para a Transformada Wavelet discreta de Fermo et al. [7] inclui

S Cálculo rápido do produto interno com a função de base;

R Regularidade na localização de frequências para identificar oscilações de sinais;

S O sinal com grande contribuição no espetro deve ser localizado;

S Superposição da função de base para manter a velocidade de reconstrução. Sharma et al. [29]

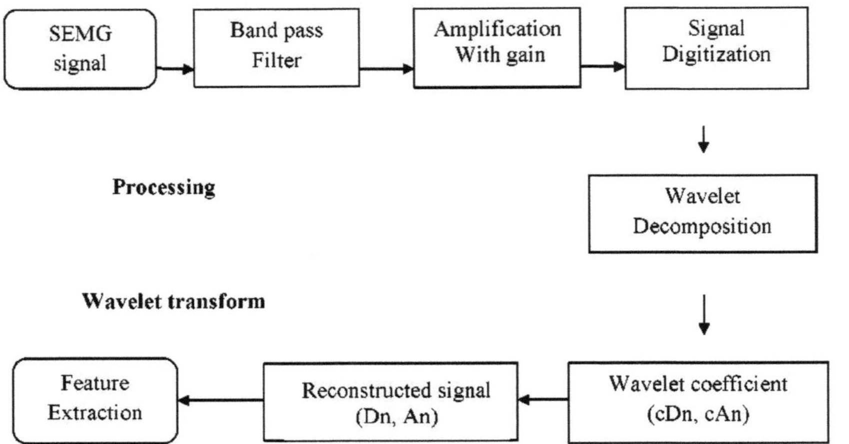

Figura 4.1: Diagrama de blocos para a análise wavelet do sinal do eletromiograma de superfície

4. 5EXTRACÇÃO DE CARACTERÍSTICAS

Como o sinal do eletromiograma de superfície é um sinal dependente do tempo e da força, cuja amplitude varia aleatoriamente acima e abaixo dos valores zero, a análise do sinal torna-se importante para definir as propriedades caraterísticas do sinal. Uma grande variedade de caraterísticas foi considerada individualmente e em grupo [8-10] Sharma et al. [29] representando tanto a amplitude do eletromiograma de superfície como o conteúdo espetral. O cálculo de alguns dos parâmetros extraídos é o seguinte:

4.5.1 Valor médio quadrático

A raiz quadrada média (abreviada RMS), também conhecida como média quadrática, é uma medida estatística da magnitude de uma quantidade variável. É especialmente útil quando as variantes são positivas e negativas. O valorRMS de um conjunto de valores (ou de uma forma de onda em tempo contínuo) é a raiz quadrada da média aritmética (média) dos quadrados dos valores originais (ou o quadrado da função que define a forma de onda contínua). A eq. 4.1 dá o valor RMS para 'n' amostras. O valor RMS é dado por:

$$V_{rms} = \sqrt{\frac{(x_1^2+x_2^2+x_3^2+\dots\dots\dots\dots+x_n^2)}{n}} \quad (4.1)$$ where,

V_{rms} - o valor quadrático médio da raiz

x_n - valor das amostras

n- Número de amostras no sinal

É um dos parâmetros mais importantes para extrair as caraterísticas do sinal do eletromiograma de superfície. Pode dizer-se que é o valor real do sinal. Mede a intensidade do sinal, o que significa que tem um significado físico claro. É o parâmetro mais adequado para quantificar o sinal do eletromiograma de superfície. É mais adequado para um sinal que tem um valor que flutua em torno da linha zero. Significa que o sinal contém os valores positivos e negativos. Assim, é aplicável ao sinal do eletromiograma de superfície, que é um sinal aleatório. Um bloco direto está disponível no LabVIEW para calcular a raiz quadrada média.

4.5. 2Desvio padrão

O desvio-padrão é uma medida de variabilidade ou diversidade amplamente utilizada na estatística e na teoria das probabilidades. Mostra a variação ou dispersão em relação à média (média ou valor esperado). Um desvio-padrão baixo indica que os pontos de dados tendem a estar muito próximos da média, ao passo que um desvio-padrão elevado indica que os dados estão dispersos por uma grande variedade de valores. O desvio padrão é dado por:

$$SD = \sqrt{\frac{\Sigma(x_i - u)^2}{n-1}} \qquad (4.2)$$ Where,

SD - desvio padrão

xi - Valor das amostras

u - média

n - Número de amostras

4.5.3Espectro de potência

O espetro de potência indica a frequência do sinal. Aqui, os sinais periódicos dão picos numa fundamental e nos seus harmónicos; os sinais quase periódicos dão picos em combinações lineares de duas ou mais frequências irracionalmente relacionadas (dando frequentemente a aparência de uma sequência principal e bandas laterais); e a dinâmica caótica dá componentes de banda larga ao espetro. Para um dado sinal, o espetro de potência apresenta um gráfico da parte da potência de um sinal (energia por unidade de tempo) que se situa em determinados intervalos de frequência.

Mostra a variação da energia de um sinal em função da frequência. Mostra em que frequência os sinais são dominantes e em que quantidade. É uma análise qualitativa, na qual o utilizador pode saber qual o conteúdo de frequência dominante no sinal. É calculada através da auto-correlação do sinal. O seu bloco direto está disponível no LabVIEW. Na figura, no eixo X, o conteúdo de frequência e, no eixo Y, a potência desse conteúdo de frequência no sinal, como se mostra na Figura 3.3.

4.5.4Energia (E)

Também é definido como integral quadrado simples (SSI). É a soma dos valores quadrados da amplitude das amostras do sinal do eletromiograma de superfície e é dada pela equação:

$$E = \sum_{n=1}^{N} | x(n) |^2 \qquad (4.3)$$

4.5.5 EMG integrado (IEMG)

É definido como uma soma dos valores absolutos da amplitude do sinal do eletromiograma de superfície. A EMG integrada é normalmente utilizada como um índice de deteção de início de atividade no reconhecimento de não-padrões de electromiogramas de superfície e em aplicações clínicas:

$$IEMG = \sum_{n=1}^{N} | x(n) | \qquad (4.4)$$

4.5. 6Frequência média (MNF)

É uma frequência média que é calculada como a soma do produto do espetro de potência do eletromiograma de superfície e a frequência dividida pela soma total do espetro de potência. A definição de MNF é dada por

$$MNF = \frac{\sum_{i=1}^{M} f_i P_i}{\sum_{i=1}^{M} P_i} \qquad (4.5)$$

Em que f_i é o valor da frequência do espetro de potência do eletromiograma na posição de frequência i, P_i é o espetro de potência na posição de frequência i e M é o comprimento da posição de frequência.

4.5.7 Frequência mediana

A frequência mediana (MDF) é descrita como a frequência que divide a potência contida no sinal em duas metades iguais.

O comportamento da frequência média e da frequência mediana é sempre semelhante. No entanto, o desempenho da frequência média em cada uma das aplicações é bastante diferente em comparação com o desempenho da frequência mediana, embora ambas as caraterísticas sejam dois tipos de médias em estatística.

É de notar que a frequência média é sempre ligeiramente superior à frequência mediana devido à forma enviesada do espetro de potência do eletromiograma de superfície, enquanto a variância da frequência média é normalmente inferior à da frequência mediana. Teoricamente, o desvio padrão da frequência mediana é superior ao da frequência média. No entanto, a estimativa da frequência mediana é menos afetada pelo ruído aleatório, particularmente no caso do ruído localizado na banda de alta frequência do espetro de potência do eletromiograma de superfície, e mais afetada pela fadiga muscular. A utilização da frequência média e da frequência mediana para detetar a fadiga muscular em contracções estáticas é claramente conhecida porque, durante a contração estática, os sinais do eletromiograma de superfície podem ser considerados estacionários durante intervalos de tempo curtos, ou seja, 0,5-3s Phinyomark et al. [22].

CAPÍTULO 5

RESUMO E DEBATE GERAL

Os sinais do eletromiograma de superfície foram obtidos de dois músculos simultaneamente. Os sinais do eletromiograma de superfície que foram introduzidos na placa de aquisição de dados são a saída dos amplificadores. A placa de aquisição de dados foi ligada ao nosso computador, no qual foi instalado o LabVIEW. A taxa de amostragem foi fixada em 1024 amostras/segundo, para evitar o aliasing do sinal. O sinal foi guardado num ficheiro de medição do tipo TDMS. Trata-se de um tipo de ficheiro binário que pode ser aberto diretamente no MS-Excel. O ficheiro TDMS também requer menos espaço em disco do que outros formatos. Este tipo de ficheiro é também muito eficiente quando se trata de o processar no nosso sistema.

A Figura 5.1 mostra o código do diagrama de blocos para aquisição de sinais e a Figura 5.2 mostra o painel frontal do mesmo. O valor da taxa de amostragem, a configuração dos canais, o tamanho do buffer, o valor máximo e mínimo, o local onde os dados serão armazenados e de que forma foram configurados neste código do LabVIEW.

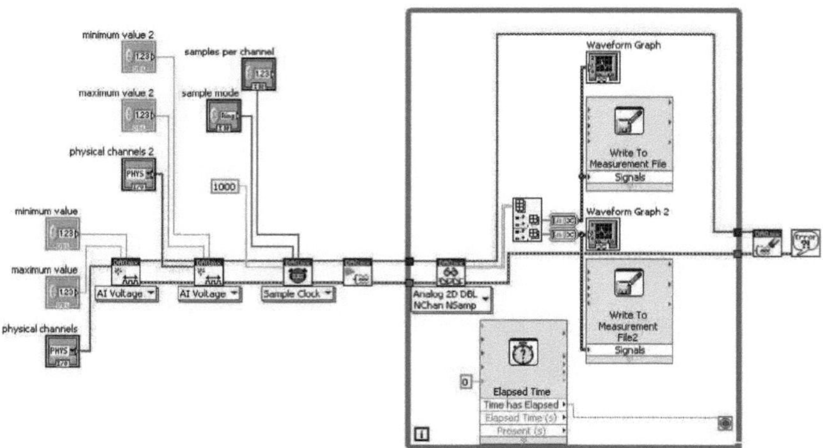

Figura 5.1: Código simulado para a deteção de sinais de um sistema multicanal

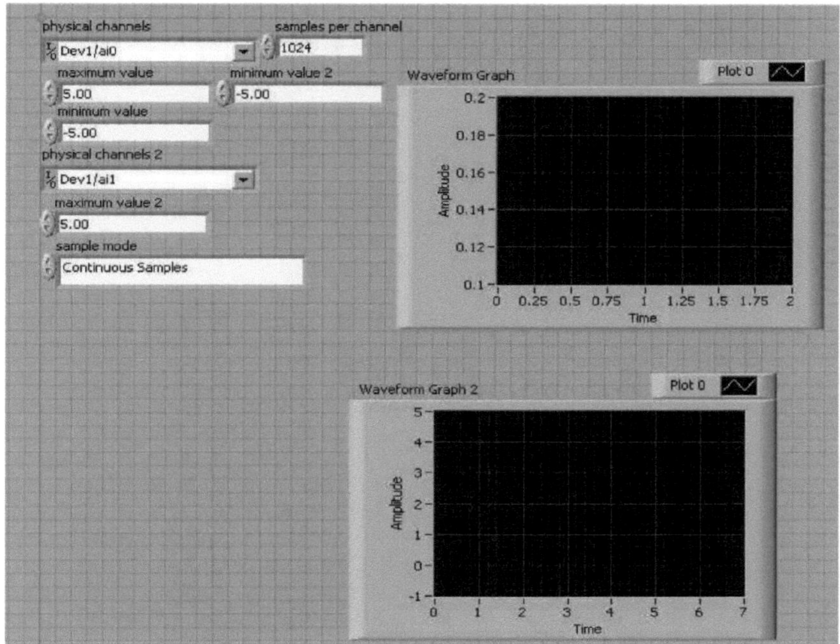

Figura 5.2: Painel frontal para aquisição de sinais utilizando o LabVIEW

Foram adquiridos sinais de eletromiograma de superfície de todos os sujeitos participantes para diferentes actividades. Os resultados foram obtidos a partir dos vários parâmetros utilizando o software LabVIEW para efetuar a redução de ruído e a análise estatística utilizando o Excel, respetivamente.

Na primeira parte, o sinal bruto para diferentes contracções musculares voluntárias foi adquirido com o processamento feito utilizando a abordagem de filtros clássicos. O processamento do sinal inclui os seguintes passos:

(a) A filtragem do sinal com um filtro passa-banda (10 Hz e 500 Hz) actualiza os cursores do gráfico da forma de onda para representar os valores actuais da frequência de corte superior e inferior.

(b) Medição espetral de canal duplo para determinar a resposta em frequência do filtro.

(c) Determinação de diferentes caraterísticas, como a raiz quadrada média, a energia do sinal e o espetro de potência. O painel de blocos do sistema é apresentado na Figura 5.3.

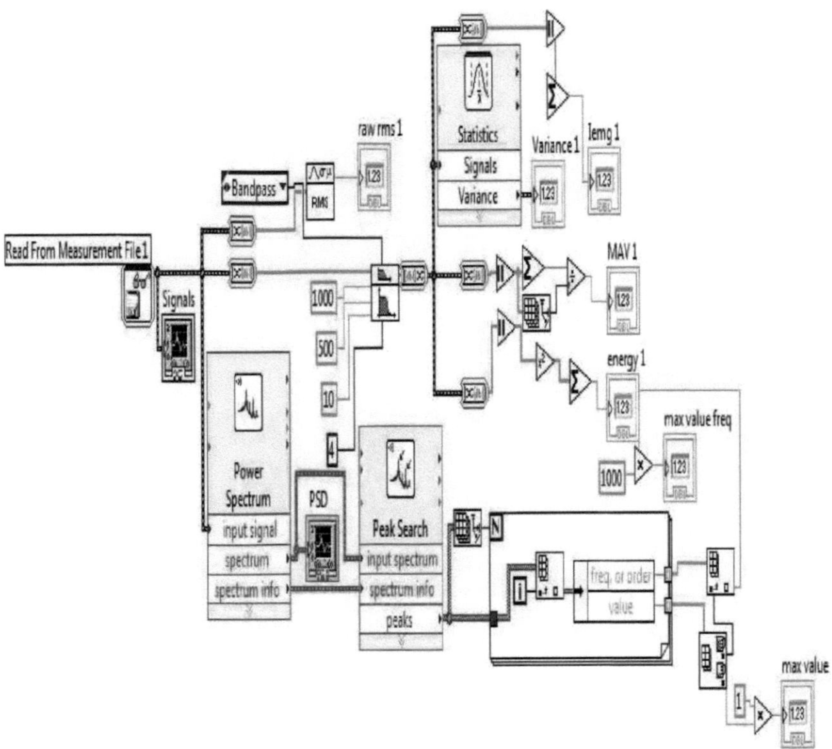

Figura 5.3: Painel frontal com as caraterísticas extraídas

5.1 RESULTADOS DO ESTUDO COMPARATIVO (A)

Os valores de Root Mean Square (v_{rms}) calculados para os cinco sujeitos estão tabelados na Tabela 5.1 para o músculo Bíceps e no quadro 5.2 para o músculo Tríceps, respetivamente.

Tabela 5.1 Valor RMS para o músculo Bíceps (todos os indivíduos)

Subjects	RMS values for Biceps Muscle			
	elbow extension	elbow flexion	abduction	adduction
Subject 1	0.08	0.59	0.19	0.14
Subject 2	0.08	0.27	0.21	0.10
Subject 3	0.15	0.36	0.19	0.18
Subject 4	0.10	0.77	0.14	0.12
Subject 5	0.12	0.42	0.12	0.07

Tabela 5.2 Valor RMS para o músculo tríceps (todos os indivíduos)

Subjects	RMS values for Triceps Muscle			
	elbow extension	elbow flexion	abduction	adduction
Subject 1	0.08	0.59	0.19	0.14
Subject 2	0.08	0.27	0.21	0.10
Subject 3	0.15	0.36	0.19	0.18
Subject 4	0.10	0.77	0.14	0.12
Subject 5	0.12	0.42	0.12	0.07

Quadro 5.3 Comparação de parâmetros

Parameters	**No "SEMG"**	**With "SEMG"**
V_{rms}	0.08	0.59
Standard Deviation	0.062	0.588
Median Frequency	130	242
Energy	110	1036

Tabela 5.4 Caraterísticas extraídas (média) para o músculo Bíceps (todos os sujeitos)

Activity	Standard Deviation	Power	Mean absolute value	Total sum values of power in spectrum
Activity 1	0.08	5.02	0.07	0.02
Activity 2	***0.44***	***87.70***	***0.29***	***0.51***
Activity 3	0.11	5.97	0.09	0.04

Activity 4	0.08	4.54	0.07	0.03

Tabela 5.5 Caraterísticas extraídas (média) para o músculo tríceps (todos os sujeitos)

Activity	Standard Deviation	Power	Mean absolute value	Total sum values of power in spectrum
Activity 1	0.09	8.41	0.11	0.04
Activity 2	0.14	18.17	0.11	0.09
Activity 3	0.19	16.46	0.14	0.13
Activity 4	***0.28***	***43.21***	***0.21***	***0.22***

As observações foram recolhidas de indivíduos diferentes a partir de dois pontos diferentes com movimentos diferentes e estão tabuladas na Tabela 5.1 e na Tabela 5.2, respetivamente. Os valores extraídos para todos os parâmetros para dois casos, ou seja, sinal de eletromiograma de superfície "SEM" e sinais de eletromiograma de superfície "COM", estão tabulados no Quadro 5.3. O resultado médio (todos os sujeitos participantes) para outras caraterísticas extraídas para os músculos Bíceps e Tríceps em relação a todas as actividades é apresentado na Tabela 5.4 e na Tabela 5.5, respetivamente.

A Figura 5.4 mostra que os valores da amplitude RMS são mais elevados para as posições de flexão do cotovelo do que para as posições de repouso em ambos os músculos. A partir das Figuras 5.5, conclui-se que a Vrms para os movimentos no sentido horário é mais elevada do que para os movimentos no sentido anti-horário no músculo Bíceps e para o músculo Tríceps o anti-horário tem um valor mais elevado em comparação com o movimento no sentido horário.

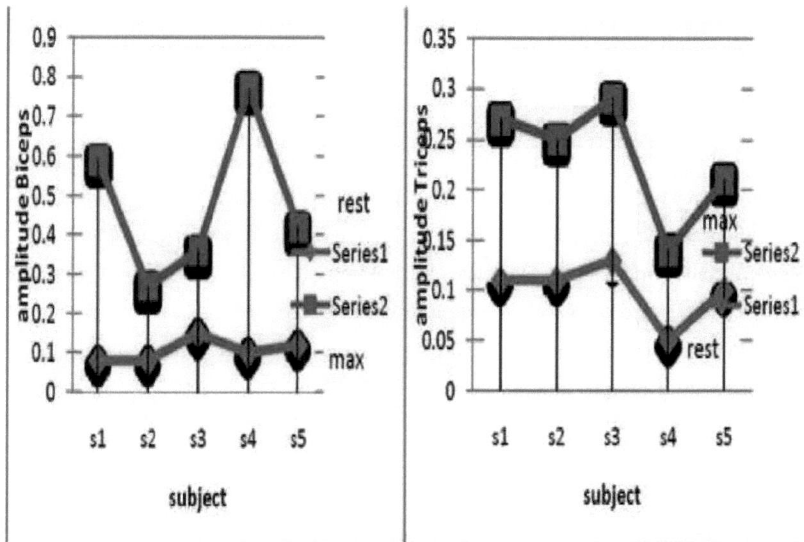

Figura 5.4: Resultados da atividade P1 e P2 para ambos os músculos

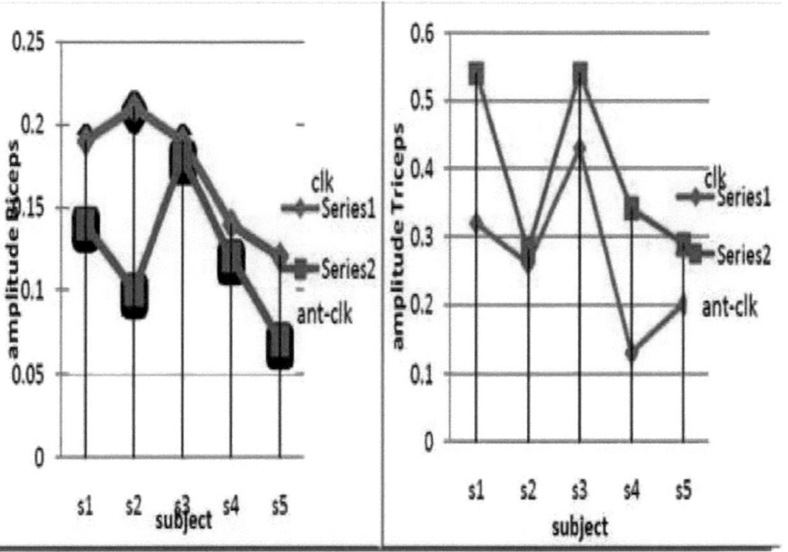

Figura 5.5: Resultado da atividade P3 e P4 para ambos os músculos

5.2 RESULTADOS DO ESTUDO COMPARATIVO (B)

Neste estudo, a análise do sinal baseada na denotização de wavelets foi realizada dividindo o sinal em dois tipos diferentes: sinal de eletromiograma de superfície baixa e alta. As análises no domínio do tempo e da frequência foram efectuadas para analisar a relação entre os sinais mioeléctricos e os diferentes níveis de força no músculo do braço humano. Para isso, foi iniciado um estudo analítico para investigar se a relação sinal mioeléctrico de superfície normalizado versus força normalizada existe e se depende do nível de exercício e da taxa de produção de força.

Nesta segunda parte, procedeu-se à filtragem passa-banda e à transformação Wavelet Discreta (DWT) do sinal do eletromiograma de superfície, utilizando um código simulado, como se mostra na Figura 5.6. Aqui, foram utilizadas diferentes funções wavelet de Daubechies (db2 a db14) para a extração de diferentes coeficientes de decomposição e para a reconstrução do sinal. Os dados comparativos dos sinais brutos do eletromiograma de superfície para três indivíduos com caraterísticas extraídas para diferentes forças de contração muscular são apresentados na Tabela 5.6. Para descrever os resultados destas caraterísticas wavelet, são apresentados vários representantes do RMS e do desvio-padrão descodificados no Quadro 5.7 e no Quadro 5.8.

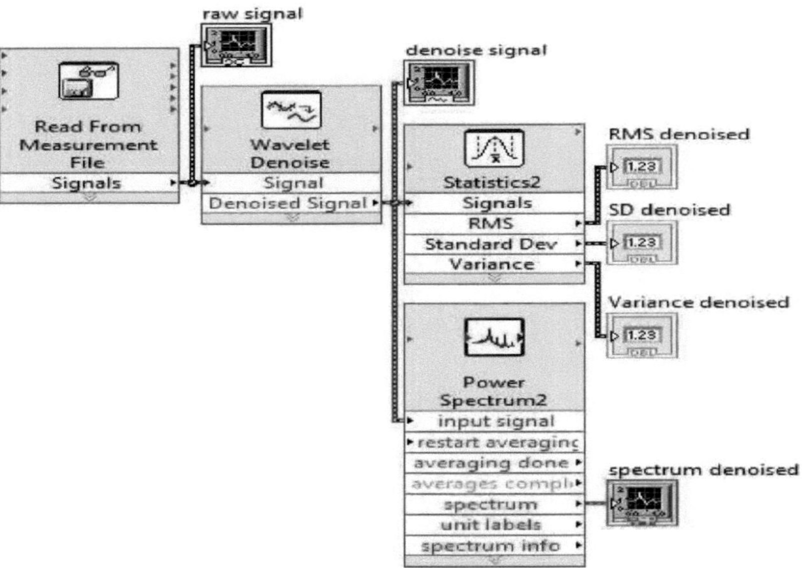

Figura 5.6: Código de denoising baseado em Wavelet

Table 5.6 Conjuntos de caraterísticas para diferentes movimentos a partir da posição do bíceps

Feature Name	Voluntary contraction (Force)								
	Low			Medium			High		
	S1	S2	S3	S1	S2	S3	S1	S2	S3
RMS	0.08	0.10	0.14	0.32	0.28	0.31	0.59	0.54	0.47
MAV	0.06	0.07	0.10	0.23	0.20	0.23	0.41	0.36	0.31
VAR	0.004	0.007	0.018	0.09	0.07	0.09	0.34	0.27	0.21
SD	0.06	0.08	0.13	0.31	0.27	0.30	0.58	0.52	0.46
PSUM	0.008	0.014	0.013	0.147	0.116	0.141	0.607	0.426	0.257

Table 5.7 RMS médio da família Db (três indivíduos)

Feature Name	RMS			
	Low	Medium	High	Average
Db2	0.03622	0.06743	0.09985	0.06783
Db3	0.04923	0.06598	0.10166	0.07229
Db4	0.05026	0.06647	0.10081	**0.07251**
Db5	0.04916	0.06645	0.10000	0.04187
Db6	0.04914	0.06656	0.09808	0.07153
Db7	0.0491	0.06602	0.09871	0.07127
Db8	0.04912	0.0.0656	0.09998	0.07160
Db9	0.04986	0.06612	0.09970	0.07189

Db10	0.04922	0.06660	0.09856	0.07146
Db11	0.04915	0.06633	0.09828	0.07125
Db12	0.04907	0.06579	0.09911	0.07132
Db13	0.04917	0.06587	0.09960	0.07155
Db14	0.04924	0.06636	0.09912	0.07157

Table 5.8 Desvio-padrão médio da família Db (três indivíduos)

Feature Name	STANDARD DEVIATION			
	Low	Medium	High	Average
Db2	0.01920	0.04560	0.08415	0.04965
Db3	0.01924	0.04429	0.08517	0.04957
Db4	0.01921	0.04355	0.08627	**0.04968**
Db5	0.01898	0.04391	0.08419	0.04903
Db6	0.01883	0.04420	0.08161	0.04821
Db7	0.01875	0.04341	0.08234	0.04817
Db8	0.01887	0.04315	0.08413	0.04872
Db9	0.01904	0.04342	0.08386	0.04877
Db10	0.01900	0.04421	0.08231	0.04850
Db11	0.01883	0.04385	0.08181	0.04816
Db12	0.01872	0.04304	0.08296	0.04824
Db13	0.01899	0.04310	0.08373	0.04861
Db14	0.01911	0.04379	0.08310	0.04866

Os sinais brutos dos electromiogramas de superfície foram utilizados para calcular o valor RMS, a potência reduzida e os valores de desvio padrão para todas as funções wavelet adequadas ao processamento de sinais biomédicos com o quarto nível de decomposição. A Tabela 5.7 apresenta os resultados do valor RMS médio e a Tabela 5.8 apresenta os valores médios do desvio padrão de todas as funções de wavelet escolhidas para os três sujeitos em vários níveis de contração muscular (força). De acordo com os resultados da Tabela 5.7, as funções de wavelet da família Daubechies apresentam um melhor desempenho; no entanto, a função de wavelet db4 apresenta um melhor valor de desempenho do que as outras funções de wavelet. Isto significa que a função de wavelet db4 (da coluna da média no quadro 5.7) é capaz de eliminar o ruído dos sinais do eletromiograma de superfície melhor do que as outras funções de wavelet da mesma família. De acordo com a Tabela 5.8, os valores do desvio padrão mostram resultados semelhantes, em que a função de wavelet db4 apresenta um melhor desempenho do que as outras funções de wavelet da mesma família. O erro quadrático médio dos sinais de eletromiograma de superfície foi calculado para avaliar a qualidade da função de robustez:

$$\mathrm{MSE} = \frac{\sum_{i=1}^{n}(s - s_e)^2}{N} \qquad (5.1)$$

Em que N representa o comprimento do sinal, s representa os coeficientes wavelet do sinal original e se são os coeficientes wavelet do sinal de redução de ruído. O desempenho dos algoritmos é melhor quando o erro quadrático médio tem o valor mais baixo. O erro quadrático médio mais pequeno após a redução do ruído é de 0,0033, 0,033 e 0,0866, respetivamente, em contraste com a técnica de filtragem convencional, em que o valor do erro quadrático médio (MSE) é de 0,0166, 0,1433 e 0,433 para os sinais baixo, médio e alto, respetivamente, o que significa que a informação útil no sinal do eletromiograma de superfície é retida e a parte indesejável dos sinais é removida.

5.3 SINAIS MIOELÉCTRICOS DE SUPERFÍCIE

Os sinais mioeléctricos foram detectados utilizando dois eléctrodos bipolares de superfície de cloreto de prata e prata colocados no músculo em estudo com um gel de eletrólito aplicado na pele a uma distância de 1 cm entre os eléctrodos, ou seja, o músculo Biceps brachii, que geralmente tem diâmetros maiores. Foi fixado um elétrodo de referência junto ao antebraço, a uma distância de 5 cm do músculo em questão. Os sinais mioeléctricos foram registados no músculo Biceps brachii com flexão isométrica do membro superior fixado a 30-45° do plano sagital. Os sinais mioeléctricos foram amplificados diferencialmente em dois estágios diferentes com um ganho de 1000 a uma frequência de amostragem de 1 kHz durante três segundos. De seguida, os sinais foram filtrados com uma frequência de banda passante de 10Hz -500Hz.

Os valores da raiz quadrada média (RMS) (Lawrence e Deluca, 1983) foram calculados para cada sinal e ficheiro de dados de força, uma vez que o RMS é o parâmetro que reflecte de forma mais completa os correlatos fisiológicos do comportamento da unidade motora durante uma contração muscular e tem sido denominado como o padrão "ouro" para analisar o sinal de eletromiograma de superfície. Para uma determinação fiável do sinal e da força muscular, é muito importante conhecer os efeitos dos factores variáveis no tempo sobre a frequência média (MNF) e mediana (MDF). Dois factores variáveis no tempo, a força muscular e a geometria muscular, são os principais factores nas actividades que envolvem contracções musculares dinâmicas (a força muscular e/ou a geometria estão a mudar). Os valores médios das frequências média e mediana dos dados do sinal-força mioeléctrico (ME) dos três indivíduos diferentes com diferentes níveis de contração da força muscular são apresentados nas Tabelas 5.9 e 5.10. Estes dados são um agregado de todas as contracções realizadas por todos os sujeitos durante a experiência.

Tabela 5.9 Valor médio da mediana (MDF) com o nível de força (três indivíduos)

Feature Name	MDF			
	Low	Medium	High	Average
Median frequency (Raw)	328.3	346.9	358.2	344.46
Median frequency (Denoised)	142	226.4	288.4	218.93

Tabela 5.10 Valor médio (MNF) com o nível de força (três indivíduos)

Feature Name	MNF			
	Low	Medium	High	Average
Mean frequency (Raw)	337.8	355.4	364.4	352.53
Mean frequency (Denoised)	151.4	231.8	296.4	226.53

É bem conhecido agora que, durante uma contração sustentada de força constante, a amplitude do sinal mioeléctrico detectado aumenta em função do tempo. De facto, este fenómeno pode ser claramente observado nas Tabelas 5.9 e 5.10, onde, para cada movimento separado, os valores de tendência das três taxas de força estão dispostos numa sequência ordenada semelhante, o que significa que a relação de força do sinal mioeléctrico se aproxima da linearidade com uma confiança considerável para o bíceps braquial, ou seja, um nível crescente em termos de frequência média e mediana.

5.4 MÉTODO ESTATÍSTICO DE DADOS

Agora, nesta parte do estudo, estamos interessados em aperfeiçoar a experiência para aumentar a sua sensibilidade na deteção de diferenças nas variáveis dependentes. Um passo eficaz para conseguir um melhor desempenho na classificação do sinal registado em diferentes contracções voluntárias é a extração de caraterísticas dos dados em bruto antes de realizar as múltiplas actividades. A análise das caraterísticas extraídas ajuda ainda a identificar o significado da relação força muscular baseada no eletromiograma de superfície existente entre eles para as contracções voluntárias.

Para alargar o estudo das interpretações relacionais de operações selecionadas no braço, foi implementada uma técnica estatística para a interpretação da separabilidade das classes de sinais, a fim de identificar a melhor amplitude do sinal do eletromiograma de superfície para diferentes contracções voluntárias, de modo a estabelecer uma melhor relação sinal-força mioeléctrica.

Assim, para melhor apreciar a classificação dos movimentos do braço para amostras múltiplas, foi implementada uma análise de variância unidirecional com comparação a priori. As tabelas da análise de variância (ANOVA) com o estudo da Parte (A) para quatro grupos independentes (para ambos os músculos) são apresentadas na Tabela 5.11- Tabela 5.12, enquanto os resultados da ANOVA para o estudo da Parte (B) com três grupos independentes para o músculo bicípite são apresentados na Tabela 5.13.

Tabela 5.11 Resultado da análise de variância unidirecional para o músculo Bíceps

Source of variation	SS	dof	MS	F ratio	f_c
SSB	0.638	3	0.212	***35.11***	3.23
SSW	0.096	16	0.006		
SST	0.734	19			

Tabela 5.12 Resultado da análise de variância unidirecional para o músculo tríceps

Source of variation	SS	dof	MS	F ratio	fc
SSB	0.186	3	0.062	***5.22***	3.23
SSW	0.195	16	0.011		
SST	0.377	19			

Tabela 5.13 Resultado da análise de variância para as contracções voluntárias do bíceps

Source of variation	SS	dof	MS	F ratio	fc
SSB	0.273	2	0.212	***82.08***	5.14
SSW	0.01	6	0.006		
SST	0.283	8			

O procedimento básico consiste em obter duas estimativas diferentes de variância a partir dos dados e, em seguida, calcular o rácio destas duas estimativas. De entre as duas estimativas, uma delas (SSB) é uma medida do efeito da variável independente combinada com a variância do erro e a outra (SSW) é a variância do erro por si só. Em seguida, é calculado o rácio F significativo entre as duas estimativas. Um rácio F significativo indica que as médias da população não são provavelmente todas iguais.

O rácio F é a estatística utilizada para testar a hipótese de que os efeitos são reais: por outras palavras, que as médias são significativamente diferentes umas das outras. Existe uma diferença significativa no ganho de amplitude entre os diferentes movimentos, $F(3, 16) = 35{,}11$ e 5,22, $F(2, 6) = 82{,}086$, $p < 0{,}05$ para quatro e três contracções voluntárias independentes, independentemente. A partir das tabelas, uma vez que o rácio F é superior ao valor crítico (fc), as médias são significativamente diferentes e conclui-se que existe uma diferença significativa entre os grupos (SSB) do que dentro dos grupos (SSW). O valor de p para o bíceps $F(3, 16)$ é 0,0001, ou seja, $< 0{,}05$, pelo que a hipótese nula de igualdade de médias é rejeitada e, finalmente, conclui-se que a estatística do teste é significativa a este nível. Assim, a análise de variância encontrou diferenças estatísticas entre as posições dos eléctrodos ($p<0{,}05$), as condições dos eléctrodos de superfície e a interação entre todos os grupos.

5.5 DISCUSSÕES

O objetivo deste estudo foi apresentar a eficácia de algoritmos para extrair caraterísticas do sinal do eletromiograma de superfície durante contracções estáticas após a eliminação de ruído. O ruído que contamina os sinais do eletromiograma de superfície tem os seus componentes de frequência na banda de energia do sinal, o que cria grandes problemas. Para eliminar o ruído, foi utilizado um filtro passa-banda na gama de 10 Hz e 500 Hz. No entanto, alguns outros tipos de ruído continuam a afetar a extração de caraterísticas do sinal. O ruído pode ser constituído por processos estocásticos complexos numa banda larga e não pode ser removido utilizando filtros digitais tradicionais. Para remover o ruído de banda larga e para a reconstrução completa do sinal original, foi utilizada a abordagem da transformada Wavelet utilizando a análise multiresolução. Desta forma, foi introduzida uma abordagem nobre para melhorar a análise destes sinais mioeléctricos utilizando caraterísticas clássicas do domínio do tempo e do domínio da frequência (frequência média e mediana) utilizando a técnica de denoising wavelet.

Os algoritmos de denoising Wavelet têm recebido considerável atenção para a remoção de ruído dos sinais de eletromiograma de superfície, uma vez que apresentam inúmeras vantagens [3] [11]. Para definir o nível de decomposição [21], cada nível foi relacionado com a sua gama de frequências analisada. A energia dominante está localizada na faixa de 50-150 Hz, correspondendo principalmente ao terceiro nível de decomposição. Assim, foram selecionadas funções Wavelet para decompor os sinais originais do eletromiograma de superfície em 4 níveisth .

Os resultados sugerem que o método Wavelet tem um erro quadrático médio ligeiramente inferior ao do método clássico. A avaliação da relação da força muscular com sinais de eletromiograma de superfície pode ser aplicada a uma vasta classe de aplicações de uso diário. O comportamento da frequência média e mediana é sempre semelhante. No entanto, o valor da frequência média é ligeiramente superior ao da frequência mediana devido à forma enviesada do espetro de potência do eletromiograma de superfície. Além disso, as caraterísticas da média e da mediana podem ser transformadas em índices universais para identificar todos os factores, incluindo a geometria muscular, a força muscular e a contração voluntária.

Para resumir,

A relação entre o sinal mioeléctrico de superfície e a força é determinada principalmente por diferentes geometrias musculares, incluindo a configuração dos eléctrodos, o diâmetro das fibras e a espessura do tecido subcutâneo, etc;

T Existe uma relação linear entre o eletromiograma de superfície muscular e a força de contração até ocorrer a fadiga;

E A colocação dos eléctrodos desempenha um papel importante no estabelecimento da relação entre o local do músculo e o movimento em causa;

A É necessário amplificar e processar o sinal do eletromiograma de superfície antes de o utilizar. Entre as wavelets apresentadas, a db4 tem um melhor desempenho e é adequada para uma classificação precisa do sinal do eletromiograma de superfície

M MNF e MDF aumentam com o aumento do nível de contração. São lineares para o Bíceps músculo braquial, com a amplitude do sinal mioeléctrico a aumentar linearmente com a força exercida.

CAPÍTULO 6

CONCLUSÃO

Foram adquiridos e analisados sinais de eletromiograma de superfície de dois músculos do braço: Bíceps e Tríceps com a ajuda da placa de aquisição de dados e do soft-scope LabVIEW em sete actividades diferentes. O músculo Bíceps apresentou o valor mais elevado na segunda e na sétima actividades e o Tríceps apresentou o valor mais elevado na quarta atividade, respetivamente. Os valores de todos os parâmetros extraídos mostram o valor mais elevado na segunda e quarta actividades para os músculos bíceps e tríceps simultaneamente.

Foram calculados os parâmetros RMS, SD, Energia, IEMG com espetro de potência. O RMS mostra o sinal mais proeminente. O MDF e o MNF são também um bom parâmetro, mas é mais adequado quando aplicado a actividades que estão separadas por um valor muito inferior, correspondente à avaliação da fadiga muscular. A análise global sugere que a técnica do eletromiograma de superfície pode ser aplicada à utilização biomédica e clínica.

Por fim, concluiu-se que, para qualquer sinal que ocorra nas condições e no espetro supracitados, o sistema utilizado é capaz de analisar facilmente os dados registados e que, além disso, a wavelet db4 tem o melhor desempenho em termos de redução de ruído e é adequada para uma classificação exacta do sinal. A análise repetida num só sentido ajuda a garantir a relação de separabilidade das classes para provar que os dados são significativos para a conceção de dispositivos protésicos.

6.1 Âmbito futuro

O trabalho futuro irá avaliar melhor as técnicas utilizadas neste estudo, incorporando mais estudos comparativos de wavelets para melhorar a qualidade da precisão da representação da natureza da taxa de electromiogramas de superfície, considerando mais localizações de braços com movimentos integrados.

REFERÊNCIAS

[1] Al-Assaf.Y., 2006. "Análise do sinal mioeléctrico de superfície: Dynamic Approaches for Change Detection and classificationIEEE Transactions on Biomedical Engineering, Vol. 53, pp. 2248-2256.

[2] Basmajian.J., De,Luca.C., 1985. "Description and Analysis of the EMG signal", in:J Butler, ed. Muscles Alive: Their Functions Revealed by Electromyography, Baltimore, Londres, pp. 65-100.

[3] Bastiaensen, Yannick, Schaeps, Tim, Baeyens, Jean-Pierre, 2008. "Analyzing an SEMG Signal using Wavelets", Teses de Mestrado, University College of Antwart, Paardenmarkt, Bélgica.

[4] DeLuca,CJ., 1997. "The Use of Surface Electromyography in Biomechanics", Journal of Applied Biomechanics, Vol. 13, pp. 135-163.

[5] Day,Scott., 2009. "Factores importantes na eletromiografia de superfície em biomecânica, Vol. 13, pp. 132-163.

[6] Englehart,Kevin., Bernard,Hudgins., Parker,A.Philip., 2001. "A Wavelet -based Continuous Classification Scheme for Multifunction Myoelectric Control", IEEE transactions on BME,Vol. 48,pp. 302-311.

[7] Fermo,C.P., C.V.De,Vincenzo, T.F.Bastos-Filho, V.I,Dynnikov, 2000. "Development of an Adaptive Framework for the Control of Upper Limb Myoelectric Prosthesis", Conferência Internacional Anual da EMBS, Chicago IL, Vol. 4, pp. 2402-2405.

[8] Ferguson,S., Dunlop,G., 2002. "Grasp Recognition from Myoelectric Signal", Conferência Australiana sobre Robótica e Automação, Auckland, pp. 83-87.

[9] Gordon,K.E., Daniel.Ferris, 2004. "Controlo Mioeléctrico Proporcional de um Objeto virtual para Investigar o Controlo Eferente Humano", Exp Brain Res, Vol. 159, pp. 478-486.

[10] Hariharan,M., Fook,Y.C., Sindhu,R., Ilias,Bukhari., Yacob,Sazali., 2012. "A Comparative Study of Wavelet Families for Classification of Wrist Motions", Computers and Electricals, Vol. 38, pp. 1798-1807.

[11] Hussian,M.S., Reaz,M.B.I., MohdYasin,F., Ibrahimy,M.I., 2009. "Electromyography Signal Analysis using Wavelet Transform and Higher Order Statics to determine Muscle Contraction", Expert Systems, Vol. 26, pp. 35-48.

[12] Jacobsen,S.C., E.Iversen, D.Knutti, R.Johnson e K.Biggers, 1986. "Design of the Uttah/M.I.T.Dextrous Hand", IEEE International Conference on Robotics and Automation, Vol.3, pp. 1520-1532.

[13] Jiang, Ching-Fen e Kuo, Shou-Long, 2007. "A Comparative Study of Wavelet Denoising of Surface Electromyographic Signals", Actas da 29th Conferência Internacional Anual do IEEE EMBS, França, pp. 1868-1871.

[14] Khezri,M., Jahed,Mehran, 2007. "A novel Approach to recognize hand movements via SEMG patterns", IEEE International Conference EMBS Cite International, Lyon, France pp. 4907-4910.

[15] Kumar,S., Chatterjee.A., Kumar.A., 2012. "Implementation of proportional grip force based on EMG signal", Conferência Nacional sobre Comunicação Alternativa e Tecnologia Assistiva para Pessoas com Deficiência, NIETE, MUMBAI, pp. 75-77.

[16] Kumar,S., Chatterjee,A., Kumar,A., 2012. "Design de um braço mioeléctrico abaixo do cotovelo com força de preensão proporcional", Journal of Scientific & Industrial Research, Vol. 71, pp. 262-265.

[17] Lars,H.Lindstrom, Robert,I.Magnusson, 1977. "Interpretação da potência mioeléctrica Soectra: um modelo e sua aplicação", IEEE Transactions on Biomedical Engineering, Vol. 65, pp.653-662.

[18] Lars,Eriksson, Fredrik,Sebelius, Christian,Balkenius, 1998. "Neural Control of a Virtual Prosthesis", IEEE 8th International Conference on Artificial Neural Networks, Vol.2, pp. 317-326.

[19] Lascu,Mihaela, Lascu,Dan, 2007. "Graphical programming based Biomedical Signal Acquistion and Processing", International Journal of Circuits Systems and Signal Processing, Vol. 1, pp. 317-326.

[20] Mulas,M., Michele,Folgheraiter e Giuseppina Gini, 2005. "An EMG-controlled Exoskeleton for Hand Rehabiliation", IEEE 9th International Conference on Rehabiliation Robotics, Chicago,IL, USA, pp. 371-374.

[21] Navarro,Camacho,Jhonatan, Leon-VargasFabian, Perez Barrero Jaime, 2012. "EMG- Based Hand Movement Recognition", DYNA, Vol. 79, pp. 41-49.

[22] Phinyomark,A., Phukpattaranont,P., Limsakul,C., 2012. "A utilidade das frequências média e mediana na análise da eletromiografia - uma perspetiva das aplicações actuais e dos desafios futuros, pp. 195-220.

[23] Phinyomark,A., Llimsakul,C., Phukpattaranot P., 2011. "Application of Wavelet Analysis in EMG Feature Extraction for Pattern Classification", Measurement Science Review, Vol. 11, pp. 45-52.

[24] Reaz, M.B.I., M.S.Hussain e F.Mohd-Yasin, 2006. "Técnicas de análise do sinal EMG: Detection,Processing Classification and Applications", IEEE Transactions on Biomedical Engineering, Vol. 10, pp. 11-35.

[25] Ryait,H.S., Arora,A.S e Agarwal,Ravinder, 2010. "Interpretation of Wirst Operations from Surface -EMG Signals at Different Locations on Arm along with Acupressure Points", IEEE Transactions on Biomedical Circuits and Systems, Vol. 4, pp. 101-111.

[26] S.Schulz, C.Pylatiuk e G.Bretthauer, 2001. "A New Ultra Light Anthropomorphic Hand", Conferência Internacional do IEEE sobre Robótica e Automação Seol Coreia, pp. 2437-2441.

[27] Shahid,Shahjahan, Jacqueline,Walker, Gerard,M.Lyons, Ciaran,A.Byrne e Anand Ishwanath Nene, 2005. "Application of Higher Order Statistics Techniques to EMG Signals to Characterize the Motor Unit Action Potential", IEEE Transactions on Biomedical Engineering, Vol. 52, pp. 1195-1209.

[28] Venkataramanan,S., Kalpakam,V., Samant,A., 2004. "Optimization Analysis of Intelligent Myoelectric Control", Conferência Internacional do IEEE sobre Sistemas Inteligentes, pp. 474-479.

[29] Sharma,T., Aggarawal,D., 2014. "Avaliação baseada na frequência de tempo do sinal de eletromiograma de superfície usando técnica não invasiva", Revista Internacional de Pesquisa em Engenharia Computacional, Vol. 6, pp. 45-49.

[30] S,Tanu., V,Karan., "Wavelet Based Feature Extraction of Electromyogram Signal for Denoising", International Journal of Advanced Research in Computer Engineering & Technology, Vol. 3, pp. 2623-2627.

[31] Toledo.C., Leija,L., Munoz,R., Vera,A e Ramirez,A., 2009. "Upper Limb Prostheses for Amputations Above Elbow: a review", Pein American Health Care Exchanges Conference, Workshops and Exhibits, México, pp. 104-108.

[32] Veer,K., Kumar,S., Agarwal,R., Kumar,A., 2013. "Análise SEMG baseada na força muscular para o braço acima do cotovelo usando técnicas não invasivas", Seminário Zonal IETE sobre Tendências Emergentes em Tecnologias de Sistemas Embarcados (ETECH-2013), Chandigarh.

[33] Veer,K., 2014. "Interpretação de electromiogramas de superfície para caraterizar o movimento do braço", Instrumentation Science & Technology, Vol. 42, pp.513-521.

[34] Zhang,Xu., Wang,Yu., Han,P.S.Ray., 2010. "Wavelet Transform Theory and its Application in EMG Signal Processing", Conferência Internacional sobre Sistemas Fuzzy e Descoberta de Conhecimento, Shandong, China, pp.2234-2238.

Printed by Books on Demand GmbH, Norderstedt / Germany